多孔压电陶瓷及其复合材料

刘 炜 著

北 京

冶 金 工 业 出 版 社

2023

内 容 提 要

本书共 5 章，主要介绍了多孔压电陶瓷及其复合材料的制备工艺和基本性能。本书在压电陶瓷材料研究进展的基础上，深入分析了 3-0 型、3-3 型和 3-1 型压电陶瓷的制备、结构及性能影响规律。并以多孔压电陶瓷为基体，研究了 3-3 型和 3-1-0 型压电陶瓷/水泥复合材料的制备工艺和性能参数，通过建立复合材料的模型，计算获得了复合材料的介电常数和压电应变常数等性能的变化规律。

本书可供无机非金属材料工程专业及相关专业师生参考，也可供从事压电陶瓷及其复合材料研究的科研工作者阅读。

图书在版编目(CIP)数据

多孔压电陶瓷及其复合材料/刘炜著. —北京：冶金工业出版社，2023.9
ISBN 978-7-5024-9576-3

Ⅰ.①多…　Ⅱ.①刘…　Ⅲ.①压电陶瓷—复合材料　Ⅳ.①TM282

中国国家版本馆 CIP 数据核字(2023)第 136937 号

多孔压电陶瓷及其复合材料

出版发行	冶金工业出版社	**电　话**	(010)64027926
地　址	北京市东城区嵩祝院北巷 39 号	**邮　编**	100009
网　址	www. mip1953. com	**电子信箱**	service@ mip1953. com

责任编辑　王　双　美术编辑　吕欣童　版式设计　郑小利
责任校对　梅雨晴　责任印制　窦　唯
三河市双峰印刷装订有限公司印刷
2023 年 9 月第 1 版，2023 年 9 月第 1 次印刷
710mm×1000mm　1/16；9.75 印张；188 千字；146 页
定价 75.00 元

投稿电话　(010)64027932　投稿信箱　tougao@cnmip. com. cn
营销中心电话　(010)64044283
冶金工业出版社天猫旗舰店　yjgycbs. tmall. com
(本书如有印装质量问题，本社营销中心负责退换)

前　　言

压电陶瓷材料具备优良的正负压电效应，在压电传感器、驱动器、换能器和滤波器等器件中得到广泛的应用，应用范围覆盖航空航天、军事、信息电子、工业机械、医疗、汽车等众多领域。多孔压电陶瓷是通过向压电陶瓷材料中引入具有低密度和无压电性的空气相制备得到，可以显著提高材料的静水压品质因数，降低声阻抗，增加材料的灵敏度和材料与媒介的声学匹配，有助于在高灵敏度水声传感器和医用超声换能器的应用。将水泥材料填入多孔压电陶瓷则可以进一步获得压电陶瓷/水泥复合材料，该材料与混凝土结构的相容性表现优异，可适合土木工程结构健康监测系统用传感器。

针对高灵敏度水声传感器、医用超声换能器，以及土木工程结构健康监测系统用传感器对新材料和新技术开发的需求，作者一直致力于多孔压电陶瓷及其复合材料的制备工艺与基本性能研究。

本书共5章，第1章主要介绍了压电陶瓷材料研究进展及相关基础理论，概述了压电陶瓷及其复合材料的基本性能测试方法；第2~3章介绍了几种典型多孔压电陶瓷材料的制备工艺及性能；第4~5章介绍了压电陶瓷/水泥复合材料的制备工艺及相关性能。

本书是作者在该领域多年研究工作的总结，参与本书出版工作的还有曹玉博士，张乐慧、孙浩鑫、谢秋生硕士等。本书内容涉及的研究项目得到山西省自然科学基金（项目号：201901D111168）、山西省科技合作交流专项项目（项目号：202104041101010）和山西省专利转化专项计划项目（项目号：202304004）资助，在此表示深深的谢意。本书在编写过程中引用了一些公开出版和发表的文献，在此谨向文献作者一并表示感谢。

　　由于作者水平有限，书中不足之处，恳请广大读者批评指正。

作　者

2023 年 3 月

目　　录

1 压电陶瓷材料概述

1.1 压电效应机理及压电陶瓷

1.1.1 压电效应机理

压电效应是一种机电耦合的效应，可以分为正压电效应和逆压电效应。晶体的正压电效应可用图 1-1 来表示。图 1-1（a）所示为晶体不受外力作用时，正负电荷的中心重合，整个晶体的总电偶极矩等于零，晶体表面无电荷。图 1-1（b）和图 1-1（c）分别为晶体受压缩和拉伸时荷电的情况，在这两种情况下，晶胞中正负离子的相对位移使正负电荷中心不再重合，导致晶体发生宏观极化，而晶体表面电荷面密度等于极化强度在表面法向上的投影，所以压电材料受压力作用形变时两端面会出现数量相等、符号相反的束缚电荷，而且在一定范围内电荷密度与作用力成正比，这种由"压力"产生"电"的现象称为正压电效应；反之，若在晶体上施加电场，电场导致介质内部正负电荷中心位移，造成介质产生形变（也就是使该晶体产生电极化，则晶体也将同时出现应变或应力），在一定范围内，其形变与电场强度成正比，这种由"电"产生"机械形变"的现象就是逆压电效应[1]。对于有对称中心结构的晶体，不论是否施加外力，其正负电荷的中心总是重合在一起，因此晶体对外不显现极性，不会产生压电效应。

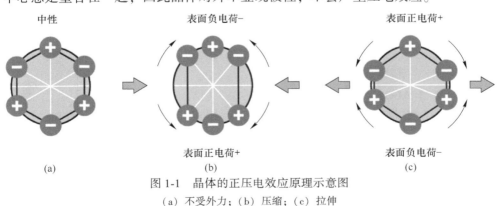

中性　　　　　　　　　　表面负电荷－　　　　　　　　　　表面正电荷＋

表面正电荷＋　　　　　　　　　　表面负电荷－

（a）　　　　　　　　　　（b）　　　　　　　　　　（c）

图 1-1　晶体的正压电效应原理示意图

（a）不受外力；（b）压缩；（c）拉伸

1.1.2 压电陶瓷

压电陶瓷是具有压电效应的晶体通过烧结而成的一种多晶铁电体。由于内部晶粒和电畴取向的随机性，使各铁电畴之间的压电效应相互抵消，压电陶瓷在整体上不会体现压电效应。只有通过长时间强直流电场作用下的极化处理，使各铁电畴沿最靠近电场的方向排列，才使压电陶瓷在宏观上具有极性，可以产生压电效应。图 1-2 所示为压电陶瓷的压电效应[2]。

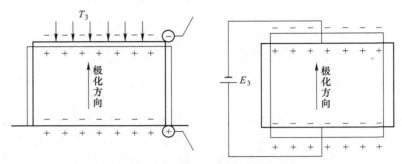

图 1-2　压电陶瓷的压电效应[2]

$BaTiO_3$是最早的有实用价值的压电陶瓷，它具有介电常数高、机电耦合系数大的优点。1947 年，美国采用 $BaTiO_3$ 陶瓷制造了留声机用拾音器。相比于罗息盐、石英晶体等压电单晶，$BaTiO_3$压电陶瓷具有制备容易、可以制成任意形状和任意极化方向的产品等优点，采用 $BaTiO_3$ 陶瓷制作的压电滤波器、换能器等各种压电器件不断涌现。然而，$BaTiO_3$陶瓷的居里温度仅为 120℃，在使用时容易接近居里温度而产生退极化效应，导致 $BaTiO_3$陶瓷的压电性能随温度和时间的变化很大，在一些应用中还不能满足要求。

$PZT(Pb(Zr,Ti)O_3)$ 压电陶瓷是由反铁电体 $PbZrO_3$和铁电体 $PbTiO_3$ 形成的二元固溶体。对 PZT 压电陶瓷而言，由于 Ti^{4+}的离子半径与 Zr^{4+}的离子半径相近、化学性质相似，$PbZrO_3$ 和 $PbTiO_3$ 能以任何比例形成连续固溶体 $Pb(Zr_xTi_{1-x})O_3$ ($0<x<1$)，呈 ABO_3 型钙钛矿结构，如图 1-3 所示。在 $x=0.52$ 附近，PZT 压电陶瓷的四方相和三方相共存，即处于准同型相界。在此相界附近，由于相变激活能低，只需在较弱电场的诱导下，就能发生晶相结构的转变，经极化处理后可以获得高压电活性和高介电常数。此外，

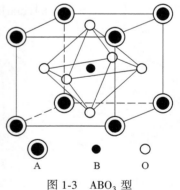

图 1-3　ABO_3 型钙钛矿晶体结构示意图

$Pb(Zr_xTi_{1-x})O_3$固溶体系的居里温度随着组成不同而在 230～490℃ 之间变动，具有非常强和稳定的压电性能。PZT 压电陶瓷的出现带动了压电材料的快速发展，开辟了压电材料应用的新局面，对压电材料的推广具有重大的意义[3]。

1.2 多孔压电陶瓷的制备方法及性能研究进展

锆钛酸铅（PZT）压电陶瓷具有高的居里温度，优良的介电、压电性能和可靠性，是高灵敏度水声传感器和医用超声换能器的首选材料[4]。PZT 压电陶瓷的灵敏度是水声传感器件最重要的性能指标，其值取决于压电陶瓷的静水压品质因数（HFOM = $d_h \times g_h$，Hydrostatic Figure of Merit）。尽管烧结致密的 PZT 压电陶瓷具有高的压电应变常数（d_{33} 和 d_{31}），但由于晶态材料取向性的限制，其纵向压电应变常数 d_{33} 和横向压电应变常数 d_{31} 的方向相反，导致静水压压电应变常数 d_h（$d_h = d_{33} + 2d_{31}$）低，且致密压电陶瓷具有高的相对介电常数 ε_r，使静水压压电电压常数 g_h（$g_h = d_h / (\varepsilon_r \varepsilon_0)$）的值也非常小。所以，烧结致密的 PZT 压电陶瓷静水压品质因数 HFOM 值较低（$< 200 \times 10^{-15}\,\mathrm{Pa}^{-1}$），用于水声传感器领域时，会降低器件的灵敏度[5]。医用超声换能器的成像分辨率则决定于压电陶瓷的声阻抗 Z。由于致密 PZT 压电陶瓷的密度较大（约为 $7.6\mathrm{g/cm^3}$），其声阻抗往往接近 $30 \times 10^6\,\mathrm{kg/(m^2 \cdot s)}$，比人体组织的声阻抗 $(1 \sim 2) \times 10^6\,\mathrm{kg/(m^2 \cdot s)}$ 高出许多，导致超声波信号在 PZT 压电陶瓷与人体组织的界面处产生较大的能量损失，降低了医用超声换能器成像的分辨率[6]。

多孔压电陶瓷向压电陶瓷相中引入具有低密度、低介电性和无压电性的空气相，可以显著提高材料的静水压品质因数 HFOM 值，降低声阻抗，增加了材料的灵敏度和材料与媒介的声学匹配，非常适合于水声传感器和医用超声换能器的使用要求。同时，多孔压电陶瓷具有制备工艺简单、使用温度宽泛、不易老化，以及材料压电性能与孔隙率线性对应等优点，受到国内外学者的广泛关注，成为研究的重点。

20 世纪 70 年代，Newnham 教授提出复合材料联通性概念，压电复合材料中各相分别以 0、1、2 和 3 维方式自我联通。因此，由两种分量相组成的压电复合材料可以有 10 种联通方式，即 0-0、0-1、0-2、0-3、1-1、1-2、1-3、2-2、2-3、3-3，第一个数字代表压电相的联通维数，第二个数字代表功能相的联通维数[7]。显然，当功能相为空气时，压电复合材料即为传统意义上的多孔压电陶瓷。

近年来，研究较多的为 3-0 型、3-3 型和 3-1 型多孔压电陶瓷。如图 1-4 所示，3-0 型和 3-3 型多孔压电陶瓷均为泡沫陶瓷。其中，3-0 型多孔压电陶瓷中的气孔互不联通，孔隙由连续的陶瓷基体相互分隔，是闭孔泡沫陶瓷；3-3 型多孔压电陶瓷的气孔相互联通，陶瓷基体仅包含于孔棱中，为开孔（网状）的泡沫陶瓷；3-1 型多孔压电陶瓷的内部则具有分布均匀、贯通坯体的平行孔道，属于典型的蜂窝陶瓷。通常来说，根据陶瓷坯体不同的结构特点，多孔压电陶瓷的制备方法各有侧重。

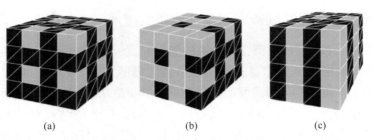

图 1-4　多孔压电陶瓷结构示意图（黑色：陶瓷相；灰色：空气相）

(a) 3-0 型；(b) 3-3 型；(c) 3-1 型

1.2.1　3-0 型和 3-3 型压电陶瓷的制备方法进展

1.2.1.1　3-0 型和 3-3 型压电陶瓷传统制备方法

根据工艺流程特点，泡沫陶瓷的传统制备方法通常可以归纳为三大类：复型法、烧失填料法和直接发泡法[8]。

A　复型法

复型法又叫挂浆法（见图 1-5），此法是将模板材料浸渍到陶瓷浆料中，充分吸收浆料，再通过挤压，或者离心的方法除去过量吸收的浆料，接着再经干燥、烧结去除模板，保留多孔结构[8-9]。

图 1-5　复型法流程简图[8]

1978 年，Skinner 等人[10] 用天然的珊瑚作骨架首次制成 3-3 型 PZT 压电陶瓷。首先将天然珊瑚真空浸渍于石蜡中，待石蜡固化后，再浸泡于盐酸中，去除珊瑚骨架，仅保留石蜡作为复型的模板。接下来，将石蜡模板真空浸渍于 PZT 浆料中挂浆，再加热至 300℃ 去除石蜡复型，得到多孔 PZT 陶瓷坯体。坯体经 1280℃ 高温烧结后制得 3-3 型 PZT 压电陶瓷。但是这种工艺需要采用天然的珊瑚作为模板，不适合大批量生产，并没有得到大规模的推广。

1963 年，美国专利首先报道了采用海绵浸渍陶瓷浆料制备多孔陶瓷的方法[11-12]。目前，使用较多的海绵为聚乙烯海绵（polyethylene），聚亚安酯海绵（polyurethane），纤维素海绵（cellulose）等。海绵的微观形态，比如孔的形貌和孔径分布等直接决定最终烧结得到的多孔陶瓷的微观形貌和孔结构。并且，有机海绵需要具有一定的强度和弹性，以保证其在被挤压和离心后，能恢复到之前的形状。因此，高质量的海绵是采用该工艺制备高质量多孔泡沫陶瓷的先决条件。

如图 1-6（a）所示，采用复型法制备的多孔陶瓷，孔与孔之间互相连通，几乎是完全的开孔结构，适用于过滤金属熔体中的杂质。目前高质量的铸锭在浇铸前，过滤用的多孔陶瓷均采用这种工艺制备。

2003 年，Kara 等人[13]以聚乙烯海绵为模板制备了孔径分布均匀 3-3 型 PZT 压电陶瓷，并研究了孔隙率对压电陶瓷性能的影响。当孔隙率为 80% 时，其静水压品质因数 HFOM 值达到了 $15095 \times 10^{-15} \mathrm{Pa}^{-1}$，比致密的 PZT 压电陶瓷提高了约 50 倍。但是，如图 1-6（b）所示，采用该工艺制备的多孔陶瓷，孔棱多数是中空的，且容易产生应力集中，故抗压强度非常小，一般仅在 $0.5 \sim 2\mathrm{MPa}$ 之间，难以作为原料在超声器件上使用，往往是以其为基体，制备 3-3 型压电/聚合物复合材料。

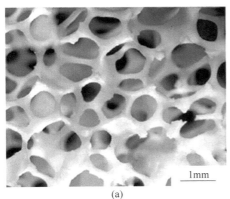
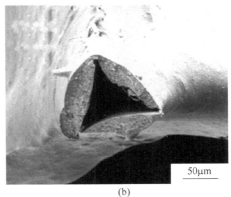

1mm

(a)

50μm

(b)

图 1-6　复型法制备多孔陶瓷形貌[12]

（a）多孔陶瓷；（b）孔棱

B　烧失填料法

烧失填料法也叫做造孔剂燃烧法（BURPS，burnable plastic spheres），或者称为牺牲模板法，此法是将陶瓷粉体与造孔剂、黏结剂混合均匀后成型，之后坯体排胶去除造孔剂，再经高温烧结制得多孔陶瓷[8]，如图 1-7 所示。由于造孔剂在排胶烧失过程中会产生大量的气体，容易产生裂纹，因此采用造孔剂燃烧法制备的多孔陶瓷孔隙率较低，一般在 5%~45% 之间，且多为闭孔结构的泡沫陶瓷。

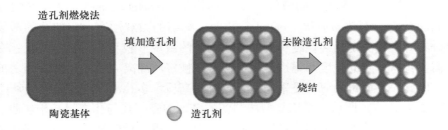

图 1-7 造孔剂燃烧法流程图[8]

　　造孔剂的种类有无机和有机两类，无机造孔剂有碳酸铵、碳酸氢铵、氯化铵等高温可分解的盐类，以及煤粉、石墨、碳粉等。有机造孔剂主要是高分子聚合物、有机酸和天然纤维等[14]。由图 1-8 可知，造孔剂颗粒的形状和大小决定了多孔陶瓷材料气孔的形状和大小。

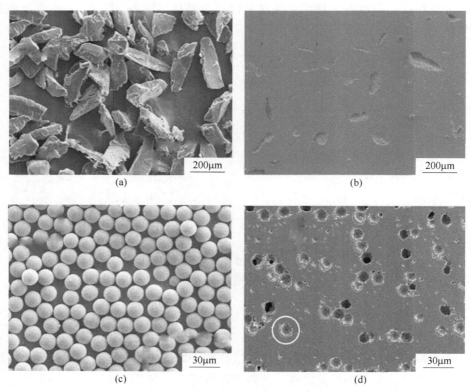

图 1-8 采用不同形状造孔剂制备多孔压电陶瓷的微观形貌[17]
(a) 不规则造孔剂；(b) 不规则孔隙；(c) 规则造孔剂；(d) 规则孔隙

Piazza 等人[15-16]以无机材料片状石墨为造孔剂，采用干压成型工艺制备了 3-0 型 PZT 压电陶瓷。经检测，通过改变片状石墨的含量（体积分数为 5% ~ 40%），3-0 型压电陶瓷的孔隙率在 9% ~ 38% 之间，最大静水压品质因数 HFOM 值可达到 8250×10^{-15} Pa^{-1}，可以满足水声传感器的使用要求。

曾涛等人[17-20]系统地研究了以人工有机物聚甲基丙烯酸甲酯（PMMA）和天然有机物糊精（dextrin）为造孔剂，采用干压成型工艺制备 3-0 型 PZT 压电陶瓷：以乙醇为溶剂，将 PZT 粉体与造孔剂湿法球磨 6h，得到混合均匀的浆料；陶瓷浆料干燥后添加粉体质量 7% 的聚乙烯醇（PVA）溶液混合造粒，颗粒过筛后干压成型；将坯体加热至 850℃，造孔剂烧失，再于 1050 ~ 1250℃保温 2h 烧结成瓷。研究造孔剂形貌[17]、造孔剂粒径[18]、造孔剂含量[19]和陶瓷烧结温度[20]等因素对 3-0 型 PZT 压电陶瓷孔隙率、介电、压电和力学性能的影响规律。采用该方法制备的多孔压电陶瓷一般为闭孔结构，孔与孔之间相互不联通，孔隙率在 5% ~ 45% 之间，静水压品质因数 HFOM 值则高于 1500×10^{-15} Pa^{-1}，具备优良的压电性能和灵敏度。

此外，国内外研究人员还以聚氧化乙烯（PEO）[21]、甲基羧乙基纤维素（MEHC）[22]、硬脂酸（SA）[23]为造孔剂制备了性能优良的 3-0 型 PZT 压电陶瓷。

造孔剂燃烧法的工艺简单成熟，易于操作，是目前应用最广泛的 3-0 型压电陶瓷制备工艺。然而，造孔剂在高温烧失过程中容易在坯体的孔壁上留下分布不均的缺陷，造成产品力学性能和电学性能的稳定性较差，制约了该工艺的应用。

C 直接发泡法

直接发泡法（见图 1-9）是在陶瓷浆料中产生大量的气泡，并在气泡破裂前成型坯体，保留气泡的结构，得到多孔陶瓷[24]。

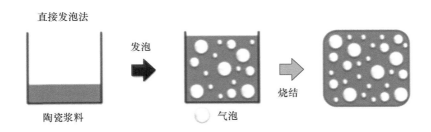

图 1-9 直接发泡法流程图[8]

在该工艺研究初期，采用碳酸钙等发泡剂，通过化学反应，产生气泡，或者添加沸点低的液体，使其高温气化产生气泡。但是气体的产生速率不易控制，不利于制备高孔隙率的多孔陶瓷，现在已很少研究。

目前主要采用直接注入气体或机械搅拌的方式使浆料发泡，通过控制注入气体和搅拌的速率就很容易控制浆料的发泡率，进而控制多孔陶瓷的孔隙率。如何在得到有一定强度的坯体前保留气泡的结构是此方法成功与否的关键。

泡沫是气体分散在液体中所形成的体系，通常气体在液体中能分散得很细，但由于表面能的原因，并且气体的密度总是低于液体，因此进入液体的气体要自动地逸出，泡沫有相互兼并、长大、自发破坏的趋势，以减少气泡的表面积，降低界面能，所以泡沫也是一个热力学不稳定体系。通过研究影响泡沫稳定性的因素，可以通过采取一些手段，使泡沫能够稳定地存在更长时间，以满足使用要求。

目前，被广泛认可的泡沫失稳主要有两个机理[25]。

a 毛细流动产生液膜排水

当泡沫内的三个或多个气泡相交时，必然是每3个气泡相邻聚集在一起，并在气泡之间形成三角样状液膜，此液膜区域一般被称作普拉特奥（Plateau）边界区域，简称为 P 区。在表面张力的作用下，不管泡沫体系处于静止还是运动状态，作用于气泡上的应力都来自 P 区或是通过 P 区所起的作用，而各个泡沫中所包含的液体同样大部分存在于普拉特奥（Plateau）边界区[25]。

图 1-10 中 R_1 所指区域的液膜曲率半径小，附加压力大，但对于液膜而言附加压力为负压，即液膜内的压力小，而 R_2 所指区域的曲率半径大，附加压力小，因此液膜内压力大，图中泡沫中的液体会自发地从液膜处往 Plateau 边界区流动，在液体的流动过程中，液膜会变薄，最终导致泡沫的破裂。

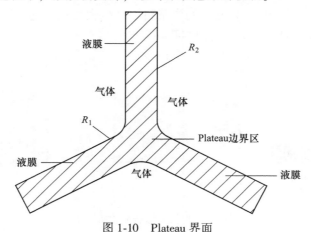

图 1-10 Plateau 界面

b 泡沫中气体的扩散

气泡尺寸的大小只有在绝对理想的情况下才可能完全均匀，在实际过程中制备的气泡大小肯定是不会均匀的,即有大气泡和小气泡。如图 1-11 所示,根据拉普拉斯方程,小气泡内部的气体压力高于大气泡内部气体的压力,因此小气泡内的气体在渗透压的作用下会透过液膜扩散到较大的气泡中去,导致小气泡逐渐减小至消失,大气泡逐渐变大。而且大小气泡半径相差越大,则压力差越大,随着时间的延长,气泡的平均尺寸和分散度都会增大。大气泡会越来越多也越来越大,直到液膜无法承担附加压力时,气泡失稳而破裂。

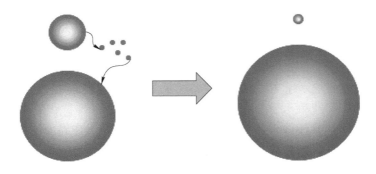

图 1-11　泡沫中的气体扩散

借助于稳泡剂可以延缓泡沫破灭,形成稳定的泡沫,常用稳泡剂有:(1) 大分子物质,如聚乙烯醇、淀粉、纤维素等。该类物质由于能够提高泡沫的黏度,降低泡沫流动性,从而具有一定的稳泡效果。(2) 阴离子表面活性剂,该类分子能够降低气-液界面的表面能,使表面活性剂分子在气泡的液膜中有序排布,增强了泡沫的弹性和自我修复能力,稳泡效果明显。比如以十二烷基苯磺酸钠 (SDBS) 作为发泡剂时,液膜两界面上带有负电荷,钠离子分布在液膜溶液中,使泡沫带电,形成表面双电层。随着液膜厚度减小到一定值时,表面双电层相斥作用加强,阻止液膜厚度再度减小,且在液膜厚度越小的情况下,液膜表面双电层作用越为明显。(3) 非离子表面活性剂,如硬脂酸甘油酯、烷基醇酰胺、十二烷基二甲基氧化胺、聚山梨酯 (吐温) 等,此类活性剂的稳泡机理是通过降低液膜中阴离子基团之间的排斥力实现稳泡。

在制得稳定存在的气泡后,需要通过成型工艺使浆料固化,制备具有一定强度的陶瓷坯体,保留多孔结构。目前主要采用三种成型工艺:(1) 高分子聚合物原位固化;(2) 溶胶-凝胶法;(3) 凝胶注模法。

高分子聚合物原位固化包括热固性高分子和热塑性高分子固化。其中,热固性反应是将陶瓷浆料加入多元醇和氰胺酸盐混合液中,在催化剂和环境温度作用下,发生聚合反应,同时生成 CO_2 气体[26]。由于固化速度很快,气泡结构被保留,得到多孔陶瓷坯体。陶瓷分布于聚合物基体中,避免了复型法陶瓷坯体骨架中空的现象，有效提高了坯体强度。采用这种方式可以制备 SiC 陶瓷[27]、Al$_2$O$_3$ 陶瓷[28]和 TiO$_2$ 陶瓷[29]等。热塑性反应成型多孔陶瓷报道则较少，目前仅见采用聚苯乙烯固化戊烷气泡，制备 Al$_2$O$_3$ 多孔陶瓷[30]。

溶胶-凝胶法一般是指金属氢氧化物或金属醇盐凝胶化固定气泡，可以制备 SiO$_2$ 陶瓷[31]、ZrO$_2$ 陶瓷[32]和 Al$_2$O$_3$ 陶瓷[33]。一般来说，凝胶坯体成型时间较长，气泡易破裂，多孔陶瓷的孔径分布难以保持一致。

凝胶注模法是向陶瓷浆料中加入有机单体，在一定的条件下，有机单体发生原位聚合反应，使陶瓷浆料凝固成型。一般来说，有机单体是聚乙烯醇、环氧树脂、丙烯酰胺、多糖、琼脂等。这种工艺的普适性很强，几乎可以成型所有类型原料的多孔陶瓷。

相比于其他工艺，直接发泡法制备多孔陶瓷的气孔形状多为球形（见图 1-12），更容易控制产品孔径分布和孔隙率，且强度较高[34]。但是采用传统表面活性剂或直接注入气体等工艺所产生气泡的稳定性不好，在界面能的作用下，短时间内就出现气泡长大、兼并，甚至破裂的现象，而在气泡变形之前，通过陶瓷成型技术，在规定时间内将气泡固化也非常困难。

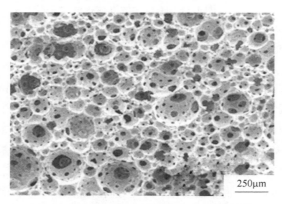

250μm

图 1-12　直接发泡法制备多孔陶瓷形貌[12]

1.2.1.2　3-0 型和 3-3 型压电陶瓷新型制备方法

为了克服造孔剂燃烧法等工艺存在的缺点，研究人员将一些最新的陶瓷湿法成型工艺应用于制备泡沫压电陶瓷。

A　淀粉凝固成型

淀粉是由 α-D-葡糖基通过 α-1,4 糖苷键（直链淀粉）或 α-1,6 糖苷键（支链与主链连接处）连接而成的链状的高分子多糖[35]。在水中，淀粉颗粒会吸附水分子发生润胀，淀粉结构中的分子链在水中伸展，形成网状结构。在分子缔合的基本因素——氢键未被破坏的前提下，淀粉颗粒吸附、解吸水分子所发生的润胀、干缩过程是可逆的。当温度较高时，通过氢键结合在一起的液态水分子缔合程度会降低，此时的水分子能渗入淀粉的微结晶附近，破坏淀粉分子的分子间氢键。这种氢键的破坏能使淀粉分子自由地水合，再以未被破坏而残留下来的一部分牢固氢键为结节的网状结构中吸进大量水分子，因而发生更大的润胀。若高温下处理的时间延长，则那部分牢固的氢键也将被切断，淀粉分子发生溶解。淀粉糊液是部分溶解的淀粉分子、润胀的颗粒及其片段的混合系统，该系统具有溶胶和凝胶之间的力学性能。一般将淀粉颗粒不可逆的润胀过程称为淀粉的糊化过程。在糊化过程中，淀粉—水分散液的黏度急剧增大，并在冷却时仍能保持一定值，在淀粉浓度达到一定量时可以形成凝胶，将水分子固定。淀粉—水分散体系的这种糊化温度区为水基陶瓷料浆的成型提供了可能，如图 1-13 所示[36-37]。

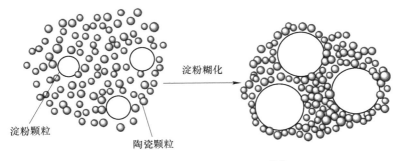

图 1-13　淀粉凝固成型机理图[36]

　　Galassi 等人[38]采用不同类型的淀粉（米粉、玉米粉和马铃薯粉）制备了 3-3 型压电陶瓷。将 PZT 粉体，淀粉与去离子水混合球磨 22h，得到悬浮性好的陶瓷浆料。把浆料注入模具后在 80℃下保温 1h 固化成型，得到陶瓷湿坯。湿坯经干燥后加热至 500℃，淀粉氧化分解；最后，坯体在 1140℃至 1200℃下保温 1h 烧结成瓷，制得多孔 PZT 陶瓷。在该工艺中，淀粉起到了浆料固化时的黏结剂和坯体烧结时的造孔剂的双重作用。经检测，多孔陶瓷的孔径小于 20μm，孔隙率在 30%～53%之间，且基本为开孔结构，静水压品质因数 HFOM 值最高可达 $3300 \times 10^{-15} \mathrm{Pa}^{-1}$。

　　B　冷冻干燥法

　　冷冻干燥法是新近发展起来的一种多孔陶瓷成型工艺，该工艺将陶瓷浆料注入模具后进行冷冻，使溶剂从液相变成固相的冰，在干燥过程中通过降压使固相冰直接升华成气相而将溶剂排除，坯体经烧结后得到多孔陶瓷[39]。溶剂在冰冻状态下既是陶瓷粉体的黏结剂，又是孔洞形成的模板。经过干燥和烧结后，这些结晶形成的微观结构得以保留。通过冷冻干燥法可以制备气孔率高达 90%的多孔陶瓷制品，而且可以实现在较大范围内控制气孔率[40]。除了水[41]之外，茨烯[42]、樟脑[43]等低温易结晶且高温易挥发的物质都可以被用作溶剂和模板。

　　Lee 等人[44-45]采用冷冻干燥工艺制备了 3-3 型压电陶瓷：将陶瓷粉体与莰烯溶剂混合后低温冷冻成型，之后经冷冻干燥和烧结得到多孔压电陶瓷。如图 1-14 所示，采用冷冻干燥工艺制备的多孔压电陶瓷具有相互联通的孔结构，孔径为 $10\mu m$ 左右。经检测，多孔陶瓷的孔隙率在 50%~82% 之间，静水压品质因数 HFOM 值达到了 $35650\times10^{-15}\mathrm{Pa}^{-1}$，具有非常高的灵敏度。该方法的缺点是溶剂挥发后坯体强度低，不易后续操作。

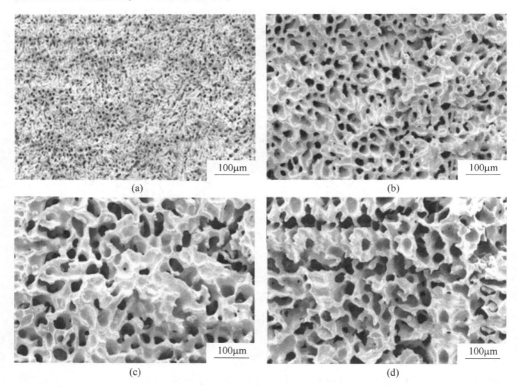

图 1-14　冷冻干燥法制备多孔压电陶瓷[44]

（a）体积分数 25%；（b）体积分数 20%；（c）体积分数 15%；（d）体积分数 10%

　　C　流延法

　　流延法是薄片或厚膜陶瓷材料的一种重要成型方法，该方法将陶瓷粉体与分散剂、黏结剂、塑化剂等添加剂在溶剂中混合，形成均匀稳定悬浮的浆料。如图 1-15 所示，浆料从料斗的下部流到基带表面上，基带与刮刀发生相对运动形成素坯，坯膜的厚度则由刮刀与基带的距离控制。待溶剂蒸发，有机结合剂在陶瓷颗粒间形成网络结构，干燥的素坯与基带剥离后卷轴待用，最后经过高温烧结得到陶瓷制品[46]。根据溶剂性质的不同，流延法分为水基和非水基两种。该工艺的特点是设备简单、工艺稳定、生产效率高，可实现自动化生产。

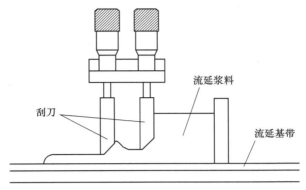

图 1-15 流延法示意图

Roncari 等人[22]采用非水基流延成型工艺制备了 3-3 型压电陶瓷。将 PZT 粉体与黏结剂（聚乙烯醇缩丁醛）、塑化剂（邻苯二甲酸丁苄酯）、分散剂（甘油）和有机溶剂（甲基乙基酮和乙醇）混合球磨，得到悬浮性好的陶瓷浆料。浆料经流延成型后干燥、高温烧结，得到多孔压电陶瓷。其中，多孔陶瓷的孔结构来源于有机溶剂在高温烧失过程中留下的孔隙。经检测，多孔压电陶瓷的孔隙率为 45%，静水压品质因数 HFOM 值为 320×10^{-15} Pa^{-1}。由于非水基流延成型工艺使用的有机溶剂通常具有毒性，对人体和环境造成很大危害，而其他溶剂如乙醇、丙酮等都是易燃品，生产过程存在很大的安全隐患，而且生产成本较高。因此，该工艺往往用于制备难以通过压制或挤制成型的大型薄板陶瓷或陶瓷厚膜，并未在多孔压电陶瓷领域得到大规模推广。

D 凝胶注模法

凝胶注模法是 20 世纪 80 年代末由美国橡树岭国家实验室的 Jenny 和 Omatete 教授发明的一种新型陶瓷净尺寸成型技术[47-48]。该成型工艺将传统陶瓷制备工艺与聚合物化学结合起来，提出了利用有机单体聚合形成高分子使陶瓷坯体成型的新技术。其工艺过程是：首先将陶瓷粉体与有机单体水溶液混合制备高固含量、低黏度的陶瓷浆料，在加入催化剂和引发剂之后，有机单体水溶液交联聚合成三维网络聚合物凝胶，从而使陶瓷浆料原位凝固成所需形状的陶瓷坯体。有机单体除聚合胶凝外，还充当陶瓷粉体的载体，分别完成填模与成型固化过程[49-50]。凝胶注模法可以克服传统成型工艺的不足，制得高强度、组分均匀、无缺陷且形状复杂的陶瓷部件，并且该工艺具有高效率和方便实用的优点，是一种适于大规模生产、具有研究、开发及利用价值的成型技术，已广泛应用于制造氧化铝[51]、氮化硅[52-53]、碳化硅[54]、氧化锆[55]及赛隆[56]等类部件。

凝胶注模法根据使用溶剂的不同，可以分为两大类：（1）水基凝胶注模法；（2）非水基凝胶注模法[57]。

水基凝胶注模法使用水作为溶剂，具有浆料黏度低、干燥工艺简单的特点，在工艺步骤上更接近传统的陶瓷成型工艺。水基凝胶注模法可以分为两种体系：丙烯酸酯和丙烯酰胺体系。丙烯酸酯体系需要共溶剂使有机物和水共溶为一相，因此并不是单纯的水溶液体系，其常采用两种具有双官能团的有机单体（DEMA、DEGDA）或者三种单一官能团的有机单体（HEMA、MA 和 N-乙烯基乙烯或 NVP）。在固化过程中，由于丙烯酸酯体系预混液易出现分相的现象，粉体分散很不均匀，得到不完全凝胶。因此，现在使用更为广泛的为丙烯酰胺体系。在丙烯酰胺体系中，预先制备丙烯酰胺（$C_2H_3CONH_2$，AM）单体和 N，N'-亚甲基丙烯酰胺（$C_7H_{10}N_2O_2$，MBAM）为交联剂的预混液，再将陶瓷粉体与预混液混合制备陶瓷浆料，向浆料中加入一定量的过硫酸钾（$K_2S_2O_8$）或过硫酸铵 [$(NH_4)_2S_2O_8$] 为引发剂，N,N,N',N'-四甲基乙二胺（$C_5H_{16}N_2$，TEMED）为催化剂，利用引发剂分解形成的自由基引发单体的聚合和交联，形成具有较高强度的坯体。预混液中单体和交联剂的浓度在 5%～18.6%（质量分数）之间，单体与交联剂的比例一般在（1∶90）～（3∶35）之间[58]。

非水基浆料采用有机溶剂，主要有邻苯二甲酸酯、高沸点石油类和长链醇等溶剂，单体则采用三个功能基团的三羟甲基丙烷三丙烯酸酯（TMPTA）和两个功能基团的双丙烯酸乙二醇酯（HDODA），引发剂常采用过氧化苯二酰。非水基凝胶注模成型工艺主要适用于成型遇水发生化学反应的陶瓷粉体，如 B_2C-Al 复合陶瓷。由于有机溶剂容易引起环境污染等问题，并且预混液易出现部分凝胶化，不易达到较高的固相含量。因此在凝胶注模工艺出现之后，研究最多的体系是水基的丙烯酰胺体系[59]。

汪长安等人[60]基于凝胶注模工艺，采用表面张力小、饱和蒸汽压高的叔丁醇（TBA）取代水作为溶剂，发明了 TBA 基凝胶注模工艺，成功制得低密度、高强度的多孔陶瓷材料。其中，多孔氧化铝陶瓷的孔隙率可以达到 92%，抗压强度超过 10MPa，比表面积则达到 $14m^2/g$。

在此基础上，杨安坤等人[61]制备了 3-3 型压电陶瓷：将叔丁醇、丙烯酰胺单体与 PZT 陶瓷粉体混合后加入催化剂和引发剂，发生固化反应，得到高强度的陶瓷坯体。坯体经干燥、烧结后，制得 3-3 型压电陶瓷。在该工艺中，液相的造孔剂（叔丁醇）与陶瓷粉体以浆料的形式均匀混合，并且叔丁醇在干燥过程中（50℃）即离开坯体，确保了产品孔径分布均匀、电学性能稳定，同时克服了冷冻干燥工艺坯体强度低的缺点。如图 1-16 所示，采用该方法可以制备具有相互联通孔结构的多孔压电陶瓷，孔隙形状不规则，孔隙尺寸小于 $10\mu m$，没有异常大孔或裂纹存在[62]。经检测，多孔 PZT 压电陶瓷孔隙率在 31%～58% 之间，最大静水压品质因数 HFOM 值为 $23000 \times 10^{-15} Pa^{-1}$，最低声阻抗为 $3.0 \times 10^6 kg/(m^2 \cdot s)$，可以满足水声传感器的使用要求[63]。但是该工艺使用的原料叔丁醇成本高昂，且多孔陶瓷的孔隙率范围较窄，阻碍了其长远的发展和广泛的应用。

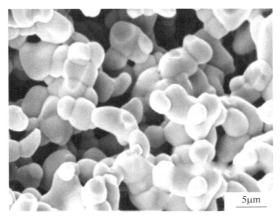

图 1-16　TBA 基凝胶注模工艺制备得到的 3-3 型 PZT 陶瓷[62]

1.2.1.3　制备方法小结

在以上几种制备方法中，造孔剂燃烧法的工艺简单成熟，易于操作，是目前应用最广泛的多孔压电陶瓷制备工艺，但是多孔 PZT 陶瓷孔隙率较低，并且组织结构均匀性程度低。冷冻干燥法适合制备高孔隙率的多孔 PZT 陶瓷，但是坯体强度有限，对后续加工的要求较高。TBA 基凝胶注模工艺可以制备孔隙率较高的多孔 PZT 陶瓷，结构组织均匀，但是 TBA 成本高昂，不利于大规模推广。

1.2.2　3-1 型压电陶瓷的制备方法进展

据报道，相比于 3-3 型和 3-0 型压电陶瓷，微米级孔径的 3-1 型蜂窝压电陶瓷具备更优异的声学转换性能，可以有效提高声学器件的分辨率和成像质量[64]。并且，由于结构特性，蜂窝陶瓷往往具有比泡沫陶瓷更加优异的力学性能。

蜂窝陶瓷依照孔径不同大致可以分为以下 3 类：百微米至毫米以上、几十至百微米级、纳米至微米级。

百微米至毫米以上孔径的蜂窝是目前制备工艺最为成熟、应用最为广泛的孔径尺寸，已成功应用于工业废气的处理、汽车尾气的催化净化器载体、冶金工艺及涡轮发动机的热交换器、金属液的过滤器、窑炉隔热材料等。常见的制备方法有模具挤出成型工艺和浸渍烧结工艺。

（1）模具挤出成型工艺[65]是将混合后塑练好的、具有可塑性的坯料在活塞式挤出机或螺旋式挤出机上连续挤出，得到孔尺寸、形状、间壁厚度等均匀性良好的陶瓷坯体，将坯体干燥后，经过高温烧结制得蜂窝陶瓷（见图1-17）。该工艺适宜于大批量的连续生产。目前美国的康宁公司在生产规模和技术上均处于领先地位，其最新蜂窝陶瓷产品1in²（1in=2.54cm）最多可达1200个孔，孔径可达到300μm，壁厚为140μm左右，但是受到模具限制，难以制备更小孔径的蜂窝陶瓷，且对挤出物料的塑性要求较高，几乎达到了极限。

（2）浸渍烧结工艺[66]与泡沫陶瓷制备工艺中的挂浆法类似，先将0.1mm左右厚度的金属箔滚压成锯齿状，用黏结剂使其粘成通孔，将其浸入陶瓷浆料中，干燥、烧结成型。该方法通过制备的金属箔调整孔径尺寸、孔径间隙，多次浸渍烧结调整壁厚。

图1-17　模具挤出成型工艺制备的蜂窝陶瓷

纳米-微米级蜂窝陶瓷是目前研究较为广泛的领域，很多方法的成型机理尚在研究之中，主要适用于薄膜的制备，目前常用的方法如下：

（1）粒子烧结法，将一定粒径的陶瓷粉体分散在有机溶剂中，加入适当的添加剂并搅拌形成稳定的悬浮液，然后通过成型得到所需要的板材或管材，经过干燥和高温烧结，最后形成陶瓷薄膜。该方法制备出来的孔洞尺寸较小，孔径受陶瓷粉末粒径及分散均匀度的影响，适用于陶瓷薄膜的制备，难以形成厚膜[67]。

（2）阳极氧化法，以电化学氧化铝箔为基础。在理想情况下阳极氧化氧化铝膜的孔结构为互相平行的六角形规则孔洞。孔径和孔的密度受氧化的电压影响，孔径一般在十几到数百纳米，膜的厚度由氧化时间控制，膜厚一般在30～50μm之间。该法通常用于表面处理，并发展为一种简便、廉价、高效的制备纳米结构的方法[68]。

（3）溶胶-凝胶法，将金属的醇盐溶解在溶剂中，快速搅拌水解一段时间，迅速将其加热至一定温度，不断搅拌形成稳定溶胶。溶胶置于培养皿中或基板上室温干燥，形成干凝胶后在高温下烧结得到蜂窝陶瓷膜。该法在制备复合膜方面应用更加广泛[69]。

几十至百微米级蜂窝陶瓷的孔道分布均匀性很高，且孔径为微米级别的陶瓷坯体成型难度较大，现有的成型工艺很难满足该孔径级别 3-1 型压电陶瓷成型的需要，关于微米孔径级别 3-1 型蜂窝压电陶瓷制备工艺的文献更是少见。

目前，仅见郭瑞等人[70-72]采用定向冷冻干燥工艺制备微米级孔径 3-1 型压电陶瓷的报道。该制备工艺流程如下：将陶瓷粉体、叔丁醇和聚乙烯醇缩丁醛按比例球磨混合，得到悬浮性好的陶瓷浆料。浆料真空除泡后倒入模具，并在 −30℃定向冷冻成型。在定向冷冻过程中，通过控制温度梯度，使叔丁醇定向结晶，形成具有定向通孔结构的陶瓷坯体。坯体脱模后，经过长时间冷冻干燥（约 48h）和烧结，制得 3-1 型 PZT 压电陶瓷。如图 1-18 所示，采用该方法制备的 3-1 型压电陶瓷，其孔径在 $20 \sim 60 \mu m$ 之间。经检测，多孔压电陶瓷的孔隙率在 28%～68%之间，最大静水压品质因数 HFOM 值为 $9300 \times 10^{-15} Pa^{-1}$，最低声阻抗则为 $1.3 \times 10^6 kg/(m^2 \cdot s)$。与冷冻干燥法相同，该工艺同样具有操作困难的缺点，且陶瓷坯体孔道杂乱，孔壁厚度难以控制，并没有形成真正意义上的直通孔陶瓷。

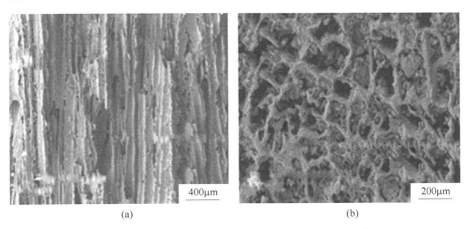

(a)   (b)

图 1-18　定向冷冻干燥工艺制备 3-1 型压电陶瓷[72]

（a）纵截面；（b）横截面

1.2.3　多孔压电陶瓷的性能研究进展

1.2.3.1　多孔压电陶瓷介电性能的研究

压电陶瓷是一类典型的电介质材料，在电场的作用下会产生极化或极化状态改变，其以感应的方式传递电的作用。描写电极化性质的材料重要参数之一是介电常数。介电常数反映了材料的极化强度对外电场的响应大小，即介电常数越大，材料在相同大小电场中引发的极化强度越大，介质储存电荷的能力也就越大，材料使用时的稳定性和可靠性也越高。然而，对于多孔压电陶瓷来说，介电常数还直接影响到材料的静水压压电电压常数 g_h（$g_h = d_h / (\varepsilon_r \varepsilon_0)$），从而对材料的静水压品质因数 HFOM（$d_h \times g_h$）产生影响，故介电常数的降低又有助于材料灵敏度的提高。因此，在制备多孔压电陶瓷时，需综合考虑材料稳定性和灵敏度的使用要求，选择合适的介电常数。

多孔压电陶瓷是由压电陶瓷相和空气相构成的压电复合材料，所以在研究其介电常数时，可以引入广为人知的"一般经验公式"[73]：

$$\varepsilon_r^\alpha = \sum_i v_i \varepsilon_{ri}^\alpha \tag{1-1}$$

式中，ε_r 为复合材料的相对介电常数；ε_{ri} 和 v_i 分别为每种组成材料的相对介电常数和体积分数；α 是常数。当复合材料各相的相互联通为串联模型（serial model）时，$\alpha = -1$；当复合材料各相互不联通为并联模型（parallel model）时，$\alpha = 1$。对于多孔压电陶瓷，两种组成材料的相对介电常数 ε_i 是致密压电陶瓷和空气的相对介电常数，体积分数 v_i 则是指多孔陶瓷的致密度和孔隙率。当多孔压电陶瓷为 3-3 型压电陶瓷时，$\alpha = -1$；当多孔压电陶瓷为 3-0 型压电陶瓷时，$\alpha = 1$。显然，α 的取值为 -1 和 1 时，代表了多孔压电陶瓷完全开孔和完全闭孔两种极限存在的状态。

Zhang 等人[23] 分别以 PMMA 和 SA 为造孔剂，采用造孔剂燃烧法制备了多孔压电陶瓷，并将模型拟合数据与实验数据作对比，如图 1-19 所示。可以看出，所有的实验数据均在模型拟合数据的范围内，而且随着多孔压电陶瓷孔隙率的增大，相对介电常数减小的趋势加快，逐渐由并联模型向串联模型靠近。

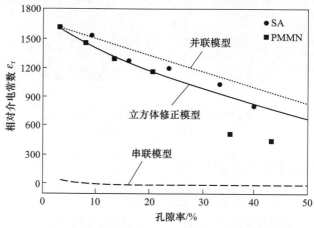

图 1-19　多孔压电陶瓷孔隙率对相对介电常数的影响[23]

一般经验公式在预测多孔压电陶瓷的相对介电常数随孔隙率的变化时，仅仅考虑了完全开孔和完全闭孔两个极限状态，与多孔陶瓷的实际存在状态并不完全相符，因此，Bruggeman[74]提出了更符合实际的模型，计算公式如下：

$$\varepsilon_r = \frac{1}{4}\left[2\varepsilon_p - \varepsilon_s + \sqrt{(2\varepsilon_p - \varepsilon_s)^2 + 8\varepsilon_1\varepsilon_2} \right] \tag{1-2}$$

式中，$\varepsilon_p = v_1\varepsilon_1 + v_2\varepsilon_2$，$\varepsilon_s = v_1\varepsilon_2 + v_2\varepsilon_1$。

因为 $\varepsilon_1 \gg \varepsilon_2$，所以式（1-2）可以简化为

$$\varepsilon_r = \varepsilon_1(1 - 3p/2) \tag{1-3}$$

式中，ε_r 为多孔压电陶瓷的相对介电常数；ε_1 为致密压电陶瓷的相对介电常数；ε_2 为空气的相对介电常数；p 为多孔压电陶瓷的孔隙率；v_1 为多孔压电陶瓷中陶瓷相的体积分数（相当于 $1-p$）；v_2 为多孔压电陶瓷中空气的体积分数（相当于 p）。

Yang 等人[61]分别采用凝胶注模工艺和造孔剂燃烧工艺制备多孔压电陶瓷，将实验数据与模型计算值做对比。如图 1-20 所示，当多孔压电陶瓷孔隙率较大时，Bruggeman 模型计算值与相对介电常数基本相符，准确预测了相对介电常数的变化趋势。但是，当多孔压电陶瓷的孔隙率较小时，相对介电常数的变化趋势更符合图中的 Okazaki 模型。该模型引入了退极化因子的概念，计算公式如下[75]：

$$\varepsilon_r = (1 - p)(\varepsilon_1 - 1)/[1 + N_i(\varepsilon_1 - 1)] \tag{1-4}$$

式中，ε_r 为多孔压电陶瓷的相对介电常数；ε_1 为致密压电陶瓷的相对介电常数；p 为孔隙率；N_i 为退极化因子（热压和正常烧结：$N_i = 0.001p$；闭口气孔为主：$N_i = 0.002p$；开口气孔为主：$N_i = 0.004p$；开口与闭口气孔共存：$N_i = (0.002x + 0.004y)p$，$x+y=1$）。

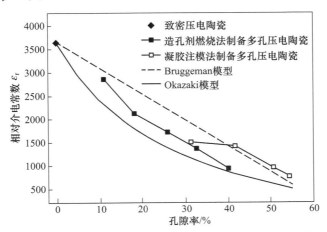

图 1-20 多孔压电陶瓷孔隙率对相对介电常数的影响[61]

显然，Bruggeman 模型适合孔隙率较大，即开孔气孔率较高的 3-3 型压电陶瓷，而 Okazaki 模型更适合预测孔隙率较小，即开孔气孔率较低的 3-0 型压电陶瓷的相对介电常数变化趋势。

Banno[76] 在前人研究的基础上提出了立方体修正模型，其中充分考虑了孔形状对相对介电常数的影响，计算结果与实验基本一致，被广泛接受，计算公式如下：

$$\varepsilon_{\mathrm{r}} = \varepsilon_1 \times \left[1 + \frac{1}{p^{1/3} \left(\dfrac{\varepsilon_1}{\varepsilon_0} - 1 \right) K_{\mathrm{s}}^{2/3}} \times \frac{p^{2/3}}{K_{\mathrm{s}}^{2/3}} - \frac{p^{2/3}}{K_{\mathrm{s}}^{2/3}} \right] \tag{1-5}$$

式中，ε_{r} 为多孔压电陶瓷的相对介电常数；ε_1 和 ε_0 分别为致密压电陶瓷和空气的相对介电常数；p 为孔隙率；K_{s} 为形状因数（球形时，K_{s} 为 1；椭圆形时，K_{s} 为 0.5）。由于致密压电陶瓷的相对介电常数很大，因此上式可以简化为：

$$\varepsilon_{\mathrm{r}} = \varepsilon_1 \times \left(1 - \frac{p^{2/3}}{K_{\mathrm{s}}^{2/3}} \right) \tag{1-6}$$

Zeng 等人[17] 分别以规则和不规则形状的造孔剂为原料，制备了孔形状不同的多孔 PZT 压电陶瓷（见图 1-8）。图 1-21 所示为相对介电常数实验值与模型预测值的比较。由图可知，多孔压电陶瓷的相对介电常数 ε_{r} 随着孔隙率的增大而降低；在孔隙率相似的情况下，孔的形状越不规则，压电陶瓷的相对介电常数 ε_{r} 越小，实验结果与模型预测值的符合情况很好。

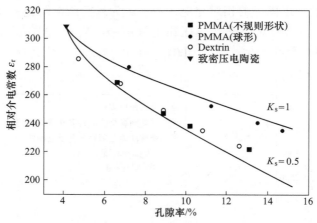

图 1-21   多孔压电陶瓷孔隙率和相对介电常数关系实验值与预测值比较[17]

Bowen 等人[77-78] 为了更准确地预测相对介电常数与孔形状的关系，将 Banno 的计算公式简化，提出了适合 3-3 型压电陶瓷/聚合物的相对介电常数计算模型。如图 1-22 所示，首先将 3-3 型压电陶瓷的理想结构单元划分为 4 个单元体，并认为仅单元体 1 对压电陶瓷的相对介电常数 ε_r 有贡献。显然，这种结构单元的划分形式同样适用于 3-3 型多孔压电陶瓷。因此，3-3 型压电陶瓷的相对介电常数可以通过下式计算：

$$\varepsilon_r = \varepsilon_1 \times v_1 \qquad (1\text{-}7)$$

式中，ε_r 为多孔压电陶瓷的相对介电常数；ε_1 为致密压电陶瓷的相对介电常数；v_1 为单元体 1 占结构单元的体积分数，其值等于 $L^2/(L+l_2)^2$。

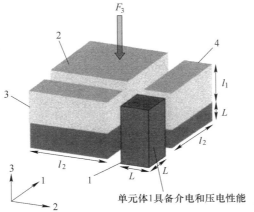

图 1-22　3-3 型压电陶瓷的理想结构单元[77]

（深色为陶瓷相；灰色为空气相）

当 l_1、l_2 的比例不同时，得到如图 1-23 所示不同形状的孔结构。再将此比例关系代入式（1-7），计算可得如图 1-24 所示的相对介电常数变化趋势预测，3-3 型压电陶瓷的相对介电常数随孔隙率的增大而减小，且孔的方向与极化方向差别越大，多孔压电陶瓷的相对介电常数越小。

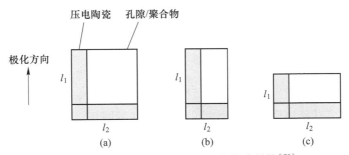

图 1-23　3-3 型压电陶瓷不同形状的孔结构[79]

（a）正方体孔（$l_1 = l_2$）；（b）竖方向孔（$l_2 = 0.5l_1$）；（c）横方向孔（$l_2 = 2l_1$）

Bowen 模型预测了孔结构对相对介电常数的影响规律，实验数据与计算结果符合情况较好。但是，该模型也有一定的局限性：（1）该模型将 3-3 型压电陶瓷定义为理想结构单元的组合体，不能完全代表实际存在的 3-3 型多孔压电陶瓷；（2）假设压电材料是完全极化的；（3）这个模型认为力在各个面是分开的，但实际上应用在静水流体力学的情况下力是连续的。

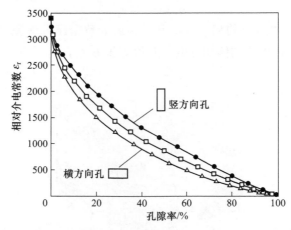

图 1-24　孔隙率和孔形状对 3-3 型压电陶瓷相对介电常数的影响[79]

除了孔隙率之外，多孔陶瓷的晶粒尺寸也是影响其相对介电常数的因素之一。目前，晶粒尺寸对相对介电常数的影响规律并未达成共识，一般认为随着晶粒尺寸的增大，晶界减少，由于晶界的相对介电常数较低，因而多孔压电陶瓷的相对介电常数随之增大。但是，杨安坤等人[62]得出完全相反的结论，他认为随着晶粒尺寸增大，比表面积降低，材料表面能减小，所以相对介电常数减小。因此，关于晶粒尺寸对相对介电常数的影响规律还需进一步研究。

1.2.3.2　多孔压电陶瓷压电性能的研究

多孔压电陶瓷应用于水声传感器领域时，其灵敏度决定于材料的静水压品质因数 HFOM。如前文的研究背景所述，多孔陶瓷的静水压品质因数 HFOM 值可以通过式（1-8）计算得出：

$$\text{HFOM} = d_h \times g_h = d_h \times \frac{d_h}{\varepsilon_r \varepsilon_0} = \frac{(d_{33} + 2d_{31})^2}{\varepsilon_r \varepsilon_0} \tag{1-8}$$

因此，对多孔压电陶瓷压电性能的研究往往着眼于纵向压电应变常数和横向压电应变常数。与相对介电常数的变化相似，由于引入了空气相，多孔压电陶瓷的压电应变常数同样受到了孔隙率和孔形状的影响。

Banno 提出的立方体修正模型对横向压电应变常数进行了计算：

$$d_{31}^* = d_{31} \times \left[1 + \frac{1}{p^{1/3}(d_{31} - 1)K_s^{2/3}} \times \frac{p^{2/3}}{K_s^{2/3}} - \frac{p^{2/3}}{K_s^{2/3}} \right] \tag{1-9}$$

在此基础上，Zhang 等人[23]提出了针对多孔压电陶瓷纵向压电应变常数的计算公式：

$$d_{33}^* = d_{33} \times \left[1 + \frac{1 - \left(\dfrac{p}{K_s}\right)^{1/3}}{1 - p^{1/3} K_s^{1/3}} \times \frac{p^{1/3}}{K_s^{1/3}} - \frac{p^{1/3}}{K_s^{1/3}} \right] \qquad (1\text{-}10)$$

式中，d_{31}^* 和 d_{33}^* 分别表示多孔压电陶瓷的横向和纵向压电应变常数；d_{31} 和 d_{33} 分别表示致密压电陶瓷的横向和纵向压电应变常数；p 为孔隙率；K_s 为形状因数（球形时，K_s 为 1；椭圆形时，K_s 为 0.5）。

如图 1-25 所示，计算结果与实验数据基本符合。

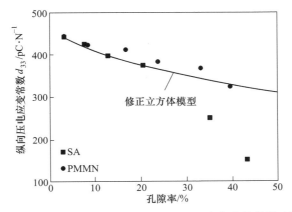

图 1-25　孔隙率对多孔压电陶瓷纵向压电应变常数的影响[23]

Bowen 等人[79]提出的模型同样适用于预测 3-3 型压电陶瓷/聚合物的纵向压电应变常数 d_{33} 和横向压电应变常数 d_{31}。计算公式如下：

$$\begin{aligned} d_{33}^* &= d_{33} \times v \\ &= d_{33} \frac{L^2}{s_{33(1)}} \left[\frac{L^2}{s_{33(1)}} + \frac{l_1 l_2}{s_{33(2)}} + \frac{2L l_2 (L + l_1)}{L s_{33(1)} + l_1 s_{33(2)}} \right] \end{aligned} \qquad (1\text{-}11)$$

式中，d_{33}^* 表示多孔压电陶瓷的纵向压电应变常数；d_{33} 表示致密压电陶瓷的纵向压电应变常数；$s_{33(1)}$ 和 $s_{33(2)}$ 分别代表压电相和非压电相沿极化方向上的弹性柔顺系数；v 表示有效体积；l_1，l_2，L 分别为图 1-22 所示的单元体尺寸。

$$\begin{aligned} d_{31}^* &= d_{31} \frac{L}{(L + l_2)} \times v \\ &= d_{31} \frac{L}{(L + l_2)} \left[\frac{L l_1 (L + l_2)}{L s_{11(1)} + l_2 s_{11(2)}} + \frac{L^2}{s_{11(1)}} \right] \times \left[\frac{l_1 l_2}{s_{11(2)}} + \frac{L(l_1 + l_2)(L + l_2)}{L s_{11(1)} + l_2 s_{11(2)}} + \frac{L^2}{s_{11(1)}} \right]^{-1} \end{aligned}$$
$$(1\text{-}12)$$

式中，d_{31}^* 表示多孔压电陶瓷的横向压电应变常数；d_{31} 表示致密压电陶瓷的横向压电应变常数；$s_{11(1)}$ 和 $s_{11(2)}$ 分别代表压电相和非压电相垂直于极化方向上的弹性柔顺系数；v 表示有效体积；l_1，l_2，L 为图 1-22 所示的单元体尺寸。

由于在 3-3 型多孔压电陶瓷中，仅仅在压电陶瓷相中引入了空气相，不存在聚合物相分担外加的作用力。因此，肖文文[80] 对上述公式进行了修正，提出了适用于 3-3 型多孔压电陶瓷的计算公式。

$$d_{33}^* = d_{33} \times \frac{L^2}{(L + l_2)^2} \tag{1-13}$$

$$d_{31}^* = d_{31} \times \frac{L}{(L + l_2)} \times \frac{L^2}{(L + l_1)(L + l_2)}$$

$$= d_{31} \times \frac{L^3}{(L + l_2)^2 (L + l_1)} \tag{1-14}$$

根据计算公式，对 d_{33}^* 的变化趋势进行预测，结果如图 1-26 所示。

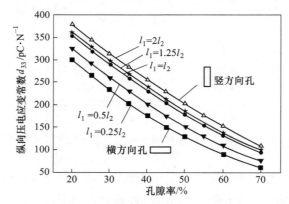

图 1-26　孔隙率和孔形状对纵向压电应变常数的影响[80]

纵向压电应变常数 d_{33} 的变化规律与相对介电常数 ε_r 相似，这里不再赘述。静水压压电应变常数 d_h 随孔隙率变化时是在 30%~40% 之间出现最大值。由于多孔压电陶瓷孔隙率的增大意味着压电陶瓷相的减少，当孔隙率增加到一定程度时，即使此时孔隙的扩展是平行于极化方向的，但 d_h（$d_h = d_{33} + 2d_{31}$）的相对增加不足以弥补由于孔隙率增大引起压电陶瓷相减少而导致 d_{33} 减小的时候，静水压压电应变常数 d_h 就会减小。因此，伴随孔隙率的变化，静水压压电应变常数 d_h 会出现最大值。此外，孔隙沿极化方向延伸有助于提高静水压压电应变常数 d_h。

但是，肖文文对 Bowen 模型的修正并没有在相关研究中进行验证，推断是由于现有的成型工艺难以控制孔隙的延伸方向，无法准确判断实验数据与理论计算的关系。

此外，Okazaki 等人[81]提出的空间电荷理论定性分析了晶粒尺寸对压电应变常数的影响。如图 1-27 所示，Okazaki 认为空间电荷多为空位或者杂质原子，在自发极化产生的电场作用下一般存在于晶界或者畴壁附近。当多孔压电陶瓷极化时，外电场对空间电荷层产生的作用力与其对电畴产生的力相反，阻碍了畴的转动，并降低极化效率。当晶粒减小时，空间电荷层增加，畴壁更加难以转动，所以晶粒尺寸降低时，多孔压电陶瓷的压电应变常数降低。因此，可以通过增大多孔压电陶瓷晶粒尺寸的方式改善多孔压电陶瓷的压电性。

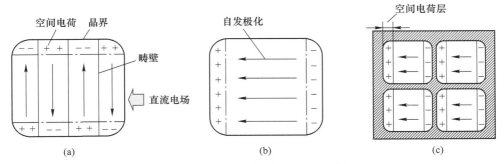

图 1-27 晶粒和电畴内部的空间电荷层

（a）未极化的粗晶粒；（b）极化的粗晶粒；（c）极化的细晶粒

1.3 压电陶瓷/水泥复合材料研究进展

随着我国经济的蓬勃发展，各种举世瞩目的大型混凝土工程，如大跨桥梁、高层建筑、大跨空间结构及大型水利工程等不断涌现。这些基础设施在服役过程中，受环境载荷作用、疲劳效应、腐蚀效应等各种因素的共同影响，可能会导致材料性能退化和结构强度下降，极端情况下将引发灾难性的突发事故。因此，采用土木工程结构健康监测系统对大型基础设施进行在线健康诊断，及时评估和预警土木工程结构的缺陷或损伤，对于保护人民群众生命财产安全具有重要意义[82-83]。

土木工程结构健康监测系统首先采用传感器子系统获取数据，再利用数据采集、处理和管理子系统分析数据，判断损伤位置和损伤程度，最后通过安全评估和预警系统判定结构的服役状态，如图 1-28 所示。其主要原理是通过分析结构在不同服役期的荷载作用下的响应信号推断结构特性的变化情况，进而评估结构的损伤状态[84]。

作为结构健康监测系统的第一要素，传感器用于接收弹性应力波并将其转换成电信号，它与被测材料的相容性对系统的监测精度起着至关重要的作用。根据传感器关键材料的功能特点，可以将其分为光导纤维、形状记忆合金、压电、电

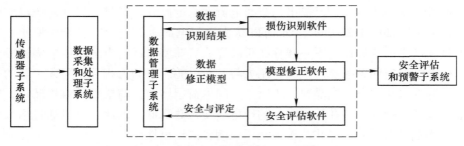

图 1-28　土木工程结构健康监测系统组成

流变体、电（磁）致伸缩材料和光纤维传感器等，其中压电陶瓷作为传感器材料的一个重要分支，具有频响范围宽、响应速度快、精确度高、良好的线性行为等优点。然而，压电陶瓷的声阻抗值高达 $30 \times 10^6 \, \mathrm{kg/(m^2 \cdot s)}$，远高于土木工程建筑中最主要的结构材料——混凝土（约 $9.0 \times 10^6 \, \mathrm{kg/(m^2 \cdot s)}$），两种材料之间明显的声阻抗不匹配会导致机械振动波传播时产生损耗，影响测量精度，并且压电陶瓷与混凝土结构的强度匹配性和应变协调性较差，也容易造成传感器损伤失效[85]。因此，开发一种与混凝土材料匹配相容的压电材料十分必要。

2002 年，李宗津等人[86]将锆钛酸铅（PZT）压电陶瓷粉体与水泥搅拌混合后浇铸成型，首次制备出压电陶瓷/水泥复合材料，该材料以水泥材料作为基体，压电陶瓷材料作为功能体，既具备压电陶瓷良好的介电、压电性能，又与混凝土材料具有最大程度的相似性，为有效解决压电材料与混凝土结构的匹配相容性问题提供了可能，并很快成为土木工程结构健康监测领域的研究热点。近年来，研究较多的压电陶瓷/水泥复合材料主要为 0-3 型、1-3 型和 2-2 型，如图 1-29 所示。

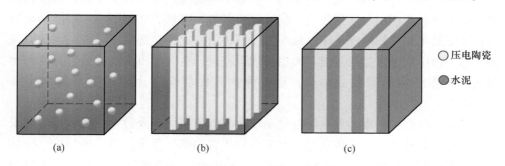

○压电陶瓷

●水泥

(a)　　　　　　　　(b)　　　　　　　　(c)

图 1-29　压电陶瓷/水泥复合材料类型示意图

（a）0-3 型；（b）1-3 型；（c）2-2 型

1.3.1　0-3 型压电陶瓷/水泥复合材料

如图 1-30 所示，0-3 型水泥基压电复合材料的结构简单，压电陶瓷颗粒弥散分布于水泥基体内，制备时只需将水泥与压电陶瓷粉体按比例球磨混合后成型。国内外学者相继开发出以普通硅酸盐水泥或硫铝酸盐水泥为基体，锆钛酸铅（PZT）、铌镁锆钛酸铅（PMN）或铌锂锆钛酸铅（PLN）为压电功能相的 0-3 型压电陶瓷/水泥复合材料，并深入研究了压电陶瓷含量、压电陶瓷颗粒粒径、水泥水化时间、复合材料微观结构、极化工艺等因素对材料介电、压电和机电耦合性能的影响规律，以及压电陶瓷/水泥复合材料制作传感器在土木工程结构健康监测中的应用[87-90]。

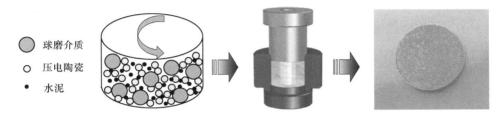

图 1-30　0-3 型压电陶瓷/水泥复合材料及制备工艺

球磨介质

压电陶瓷

水泥

0-3 型压电陶瓷/水泥复合材料具有低介电常数、高机电耦合系数和高强度的优点，通过调节压电陶瓷相含量，可以实现检测材料与混凝土母材的声阻抗匹配和强度匹配。然而，由于复合材料中压电陶瓷相的体积占比仅为 20%~45%，压电陶瓷颗粒被水泥水化产物所包围，复合材料在高压极化时，外加电场电流无法完全作用于压电陶瓷颗粒，同时，压电复合材料内部的孔隙和水分会使极化电场产生漏电流，最终导致复合材料难以实现饱和极化，纵向压电应变常数 d_{33} 显著下降，削弱了压电智能材料的灵敏度[91]。鉴于此，研究人员提出在复合材料中加入 0.1%~2% 的导电相——炭黑或碳纳米管，促使电流在压电陶瓷颗粒间充分传导，压电相接近饱和极化，显著提升了复合材料的压电性能，只是导电相的引入会增加材料的电导率，导致材料在使用时出现漏电流，介电损耗明显增大，材料发热加剧，影响材料测试精度和使用寿命[92-94]。针对这种情况，A. Chaipanich 等人[95]提出在压电陶瓷/水泥复合材料中加入 1%~20% 的压电聚合物——聚偏氟乙烯（PVDF），该聚合物具有高介电常数和低介电损耗的特点，可以有效避免漏电流的产生，有利于压电复合材料实现饱和极化，提高材料的压电性能。

1.3.2　1-3 型和 2-2 型多孔压电陶瓷/水泥复合材料

1-3 型和 2-2 型压电陶瓷/水泥复合材料由一维的压电陶瓷柱或二维的压电陶瓷片排列于水泥相中而组成，一般可以采用切割—灌注工艺成型：将压电陶瓷块切割成一系列的竖直柱体或薄片，之后再沿着陶瓷相的间隙灌注水泥浆料，如图 1-31 所示[96]。程新等人[97-98]研究了压电陶瓷柱/片的尺寸形状及排列规律、水泥材料品种等因素对 1-3 型或 2-2 型压电复合材料性能的影响，并且通过向水泥材料中加入环氧树脂，有效提高了水泥相与压电陶瓷相的界面结合强度。A. Chaipanich[99-100]主要研究了钛酸铋钠（BNT）、锆钛酸钡（BZT）、钛酸钡（BT）等无铅压电陶瓷在 1-3 型或 2-2 型压电复合材料中的应用。

　　1-3 型和 2-2 型压电复合材料中的压电陶瓷相为连续相，克服了 0-3 型压电复合材料不易极化的缺点，减小了平面机电耦合作用，具有低声阻抗、高的厚度机电耦合系数和低机械品质因数等优点。但是受限于切割精度与刀片厚度，陶瓷柱/片的尺寸和压电陶瓷相的体积分数受到限制，难以根据使用需求调节复合材料与混凝土母材的匹配相容性。此外，压电陶瓷材料具有硬度大、脆性高和可加工性差的缺点，这将导致加工周期长、生产效率低，限制了复合材料的广泛应用。

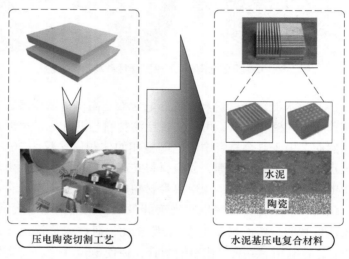

图 1-31　1-3 型和 2-2 型压电陶瓷/水泥复合材料及制备工艺

1.4　压电陶瓷及其复合材料电学性能

1.4.1　介电性能

　　介电常数是表征压电材料介电性质或极化性质的一个参数，是综合反应介质极化行为的一个主要的宏观物理量。通过测试样品的电容，按照国家标准《压电陶瓷材料性能测试方法 性能参数的测试》（GB/T 3389—2008）计算介电常数：

$$\varepsilon = \frac{C \cdot h}{S} \tag{1-15}$$

式中，ε 为被测样品的绝对介电常数，F/m；C 为被测样品在频率为 1kHz 时的电容，F；h 为样品的厚度，m；S 为样品的有效面积，m^2。

介质材料的介电常数通常采用相对介电常数 ε_r 表示，即

$$\varepsilon_r = \frac{\varepsilon}{\varepsilon_0} \tag{1-16}$$

式中，ε_0 为空气介电常数，$\varepsilon_0 = 8.85\mathrm{pF/m}$。

将以上两式联立得

$$\varepsilon_r = \frac{C \cdot h}{\varepsilon_0 \cdot S} \tag{1-17}$$

采用阻抗分析仪测试样品在 1kHz 时的电容，即可由上式计算出相对介电常数 ε_r，通常取频率为 1kHz 时的损耗作为样品的介电损耗 $\tan\delta$。

1.4.2　压电性能

采用准静态压电常数 d_{33} 测量仪测试样品的纵向压电应变常数 d_{33}，测试频率为 110Hz，每种试样选择不同的部位测 10 次，再取平均值。

样品的横向压电应变常数 d_{31} 通过压电方程导出[101]：

$$K_{31}^2 \approx \frac{\pi^2}{4}\frac{\Delta f}{f_r} = \frac{\pi^2}{4}\frac{f_a - f_r}{f_r} \tag{1-18}$$

$$K_{31} = \frac{d_{31}}{\sqrt{s_{11}\varepsilon_r}} \tag{1-19}$$

$$s_{11} = \frac{1}{c_{11}} \tag{1-20}$$

$$f_r = \frac{B}{\pi D}\sqrt{\frac{c_{11}}{\rho(1 - \mu^2)}} \tag{1-21}$$

式中，K_{31} 为横向长度伸缩振动机电耦合系数；s_{11} 为弹性柔顺系数；c_{11} 为弹性刚度系数；D 为样品直径；ρ 为压电材料的密度；μ 为泊松系数；B 为比例常数；f_r 为谐振频率；f_a 为反谐振频率；ε_r 为相对介电常数。

对于 PZT 压电陶瓷，通常 $\mu = 0.27$ 时，$B = 2.03$；$\mu = 0.30$ 时，$B = 2.05$；$\mu = 0.36$ 时，$B = 2.08$。

样品的静水压压电应变常数 d_h，静水压压电电压常数 g_h，静水压品质因数 HFOM 计算公式如下：

$$d_h = d_{33} + 2d_{31} \tag{1-22}$$

$$g_h = d_h / (\varepsilon_r \varepsilon_0) \tag{1-23}$$

$$\mathrm{HFOM} = d_h \cdot g_h \tag{1-24}$$

1.4.3　机电耦合性能

机电耦合系数是表征压电体的机械能与电能相互转换能力的参数，是衡量材

料压电性强弱的重要参数之一。它被定义为由正压电效应（逆压电效应）输出的电能（机械能）与输入的总机械能（总电能）之比。

$$K^2 = \frac{机械能转变的电能}{输入的机械能} = \frac{电能转变的机械能}{输入的电能} \tag{1-25}$$

由于压电材料的机械能与其形状、振动模式有关，因此相应的机电耦合系数取决于压电振子的形状和振动模式。压电材料的基本耦合系数共有 5 个，即平面耦合系数 K_P、横向耦合系数 K_{31}、纵向耦合系数 K_{33}、厚度振动机电耦合系数 K_t 和厚度切变振动耦合系数 K_{15}。对于压电复合材料来说，其厚度振动机电耦合系数 K_t 可由下式计算得到：

$$K_t^2 = \frac{\pi}{2} \cdot \frac{f_s}{f_p} \cdot \tan\left(\frac{\pi}{2} \cdot \frac{f_p - f_s}{f_p}\right) \tag{1-26}$$

式中，f_s 为谐振频率；f_p 为反谐振频率。

在一级近似条件下，它们可以近似地由阻抗幅值达到最小值和最大值时的频率 f_m 和 f_n 代替，即 $f_s \approx f_m$，$f_p \approx f_n$，用阻抗分析仪测量出阻抗与频率的关系曲线，找出 f_m 和 f_n，即可获得机电耦合系数 K_t。K_p 值可以通过查询国家标准《压电陶瓷材料性能试验方法　圆片径向伸缩振动模式》（GB/T 2414.1—1998）中附录 A 的 K_p-$\Delta f/f_s$ 对应数值表获得。

1.4.4　机械品质因数

机械品质因数 Q_m 表征压电体谐振时因克服内摩擦而消耗的能量，也是衡量压电材料性能的一个重要参数，它等于压电振子谐振时贮存的机械能 W_1 与一个周期内消耗的机械能 W_2 之比：

$$Q_m = 2\pi \cdot \frac{W_1}{W_2} \tag{1-27}$$

一般来说，机械品质因数越大，则能量损耗越小。对于有损耗的压电谐振子，其机械品质因数可根据等效电路按照下列公式计算：

$$Q_m^{-1} = 2\pi f_s R_{min} C\left(1 - \frac{f_s^2}{f_p^2}\right) \tag{1-28}$$

式中，动态电阻 R_{min} 可用谐振频率处的最小阻抗幅值 Z_{min} 代替；C 可取材料在 1kHz 的电容。

1.4.5　声阻抗性能

声阻抗是表征介质声学特性的一个重要物理量，其定义为声传播方向上任何质点振动时受到的回复力 F 和该点振动速度 v 之比，为了研究方便，在声速截面积不变的情况时，通常使用声阻抗率 Z 的概念。声阻抗率是单位面积上的声阻抗，其单位为 kg/（m² · s），可由下列公式进行计算：

$$Z = \rho_c \cdot v_c \tag{1-29}$$

$$v_c = 2 \cdot f_s \cdot t \tag{1-30}$$

式中，Z、ρ_c、v_c 分别为材料的声阻抗、密度及声速；f_s 为材料的串联谐振频率；t 为材料的厚度。

参 考 文 献

［1］ 曲远方. 功能陶瓷材料［M］. 北京：化学工业出版社，2003.

［2］ 王春雷，李吉超，赵明磊. 压电铁电物理［M］. 北京：科学出版社，2009.

［3］ 曲远方. 功能陶瓷的物理性能［M］. 北京：化学工业出版社，2007.

［4］ Rybyanets A N. Porous piezoelectric ceramics—A historical overview［J］. Ferroelectrics, 2011, 419（1）：90-96.

［5］ 曾涛，董显林，毛朝梁，等. 孔隙率及晶粒尺寸对多孔 PZT 陶瓷介电和压电性能的影响及机理研究［J］. 物理学报，2006，55（6）：3073-3079.

［6］ 解妙霞. 用于医学超声的 1-3 型压电复合材料性能的有限元研究［D］. 西安：陕西师范大学，2006.

［7］ Newnham R E, Skinner D P, Cross L E. Connectivity and piezoelectric-pyroelectric composites［J］. Materials Research Bulletin, 1978, 13（5）：525-536.

［8］ Studart A R, Gonzenbach U T, Tervoort E, et al. Processing routes to macroporous ceramics：A review［J］. Journal of the American Ceramic Society, 2006, 89（6）：1771-1789.

［9］ Galassi C. Processing of porous ceramics：Piezoelectric materials［J］. Journal of the European Ceramic Society, 2006, 26（14）：2951-2958.

［10］ Skinner D P, Newnham R E, Cross L E. Flexible composite transducers［J］. Materials Research Bulletin, 1978, 13（6）：599-607.

［11］ Schwartzwalder K, Somers A V. Method of making porous ceramic articles：US, 3090094［P］. 1963-03-06.

［12］ Colombo P. Conventional and novel processing methods for cellular ceramics［J］. Philosophical Transactions of the Royal Society A：Mathematical, Physical and Engineering Sciences, 2006, 364（1838）：109-124.

［13］ Kara H, Ramesh R, Stevens R, et al. Porous PZT ceramics for receiving transducers［J］. IEEE Transactions on Ultrasonics Ferroelectrics and Frequency Control, 2003, 50（3）：289-296.

［14］ 孙莹，谭寿洪，江东亮. 多孔碳化硅材料的制备及其催化性能［J］. 无机材料学报，2003，18（4）：830-836.

［15］ Piazza D, Galassi C, Barzegar A, et al. Dielectric and piezoelectric properties of PZT ceramics with anisotropic porosity［J］. Journal of Electroceramics, 2010, 24（3）：170-176.

［16］ Piazza D, Capiani C, Galassi C. Piezoceramic material with anisotropic graded porosity［J］.

Journal of the European Ceramic Society, 2005, 25 (12): 3075-3078.

[17] Zeng T, Dong X, Mao C, et al. Effects of pore shape and porosity on the properties of porous PZT 95/5 ceramics [J]. Journal of the European Ceramic Society, 2007, 27 (4): 2025-2029.

[18] Zeng T, Dong X, Mao C, et al. Preparation and properties of porous PMN-PZT ceramics doped with strontium [J]. Materials Science and Engineering B-Solid State Materials for Advanced Technology, 2006, 135 (1): 50-54.

[19] Zeng T, Dong X, Chen S, et al. Processing and piezoelectric properties of porous PZT ceramics [J]. Ceramics International, 2007, 33 (3): 395-399.

[20] Zeng T, Dong X L, Chen H, et al. The effects of sintering behavior on piezoelectric properties of porous PZT ceramics for hydrophone application [J]. Materials Science and Engineering B-Solid State Materials for Advanced Technology, 2006, 131 (1/2/3): 181-185.

[21] Kumar B P, Kumar H H, Kharat D K. Study on pore-forming agents in processing of porous piezoceramics [J]. Journal of Materials Science-Materials in Electronics, 2005, 16 (10): 681-686.

[22] Roncari E, Galassi C, Craciun F, et al. A microstructural study of porous piezoelectric ceramics obtained by different methods [J]. Journal of the European Ceramic Society, 2001, 21 (3): 409-417.

[23] Zhang H L, Li J F, Zhang B P. Microstructure and electrical properties of porous PZT ceramics derived from different pore-forming agents [J]. Acta Materialia. 2007, 55 (1): 171-181.

[24] 林煌, 杨金龙, 唐来明, 等. 直接发泡法制备泡沫陶瓷过滤器 [J]. 稀有金属材料与工程, 2007, 36 (1): 376-378.

[25] 沈钟, 王果庭. 胶体与界面化学 [M]. 北京: 化学工业出版社, 2004.

[26] Colombo P, Modesti M. Silicon oxycarbide ceramic foams from a preceramic polymer [J]. Journal of the American Ceramic Society, 1999, 82 (3): 573-578.

[27] Bao X, Nangrejo M R, Edirisinghe M J. Synthesis of silicon carbide foams from polymeric precursors and their blends [J]. Journal of Materials Science, 1999, 34 (11): 2495-2505.

[28] Peng H X, Fan Z, Evans J R G, et al. Microstructure of ceramic foams [J]. Journal of the European Ceramic Society, 2000, 20 (7): 807-813.

[29] Powell S J, Evans J R G. The structure of ceramic foams prepared from polyurethane-ceramic suspensions [J]. Materials and Manufacturing Processes, 1995, 10 (4): 757-771.

[30] Williams E J A E, Evans J R G. Expanded ceramic foam [J]. Journal of Materials Science, 1996, 31 (3): 559-563.

[31] Fujiu T, Messing G L, Huebner W. Processing and properties of cellular silica synthesized by foaming sol-gels [J]. Journal of the American Ceramic Society, 1990, 73 (1): 85-90.

[32] Santos E P, Santilli C V, Pulcinelli S H. Effect of aging on the stability of ceramic foams prepared by thermostimulated sol-gel process [J]. Journal of Sol-Gel Science and Technology,

2003, 26 (1/2/3): 165-169.

[33] Grader G S, Shter G E, Hazan Y D. Novel ceramic coams from crystals of AlCl$_3$ (Pr$_{i2}$O) complex [J]. Journal of Materials Research, 1999, 14 (4): 1485-1494.

[34] 刘海燕. 蛋白质发泡法制备氧化锆多孔陶瓷 [D]. 天津: 天津大学, 2007.

[35] 宋贤良, 陈玲, 叶建东. 酯化淀粉原位凝固成型 Al$_2$O$_3$ 陶瓷的研究 [J]. 硅酸盐通报, 2006 (1): 90-93.

[36] 张卉芳. 淀粉固结成型工艺制备多孔陶瓷 [D]. 武汉: 华中科技大学, 2007.

[37] 宋贤良. 利用淀粉原位凝固胶态成型高性能陶瓷的研究 [D]. 广州: 华南理工大学, 2003.

[38] Galassi C, Roncari E, Capiani C, et al. Processing of porous PZT materials for underwater acoustics [J]. Ferroelectrics, 2002, 268 (1): 47-52.

[39] 朱新文, 江东亮, 谭寿洪. 多孔陶瓷的制备、性能及应用: (Ⅰ) 多孔陶瓷的制造工艺 [J]. 陶瓷学报, 2003, 24 (1): 40-45.

[40] 刘岗, 严岩. 冷冻干燥法制备多孔陶瓷研究进展 [J]. 无机材料学报, 2014, 29 (6): 571-583.

[41] Fukasawa T, Ando M, Ohji T, et al. Synthesis of porous ceramics with complex pore structure by freeze-dry processing [J]. Journal of the American Ceramic Society, 2001, 84 (1): 230-232.

[42] Yoon B H, Koh Y H, Park C S, et al. Generation of large pore channels for bone tissue engineering using camphene-based freeze casting [J]. Journal of the American Ceramic Society, 2007, 90 (6): 1744-1752.

[43] Araki K, Halloran J W. Room-temperature freeze casting for ceramics with nonaqueous sublimable vehicles in the naphthalene-camphor eutectic system [J]. Journal of the American Ceramic Society, 2004, 87 (11): 2014-2019.

[44] Lee S H, Jun S H, Kim H E, et al. Fabrication of porous PZT-PZN piezoelectric ceramics with high hydrostatic figure of merits using camphene-based freeze casting [J]. Journal of the American Ceramic Society, 2007, 90 (9): 2807-2813.

[45] Lee S H, Jun S H, Kim H E, et al. Piezoelectric properites of PZT-based ceramic with highly aligned pores [J]. Journal of the American Ceramic Society, 2008, 91 (6): 1912-1915.

[46] 闫绍盟. 通过流延成型法制备平板式 ZrO$_2$ 汽车氧传感器 [D]. 武汉: 武汉科技大学, 2007.

[47] Janney M A, Omatete O O. Method for molding ceramic powders using a water-based gel casting: US, 5028362 [P]. 1991-08-14.

[48] Young A C, Omatete O O, Janney M A, et al. Gelcasting of alumina [J]. Journal of the American Ceramic Society, 1991, 74 (3): 612-618.

[49] 吴甲民, 吕文中, 梁军, 等. 水基凝胶注模成型工艺制备 0.9Al$_2$O$_3$-0.1TiO$_2$ 陶瓷的微波介电性能 (英文) [J]. 无机材料学报, 2011, 26 (1): 102-106.

[50] 杨金龙. α-Al$_2$O$_3$ 悬浮体的流变性及凝胶注模成型工艺的研究 [J]. 硅酸盐学报, 1998,

26（1）：41-46.

[51] 王亚利，郝俊杰，郭志猛．凝胶注模成型生坯强度影响因素的研究［J］．材料科学与工程学报，2007，25（2）：262-264.

[52] 马利国，杨金龙，张立明，等．煅烧预处理改善氮化硅的凝胶注模成型工艺［J］．硅酸盐通报，2004，23（1）：13-16.

[53] 张雯，王红洁，张勇，等．凝胶注模工艺制备高强度多孔氮化硅陶瓷［J］．无机材料学报，2004，19（4）：743-748.

[54] 易中周，谢志鹏．重结晶碳化硅凝胶注模成型及其性能研究［J］．硅酸盐通报，2002，21（4）：3-7.

[55] 仝建峰，陈大明．部分稳定氧化锆陶瓷的凝胶注模成型工艺［J］．硅酸盐学报，2008，36（11）：1620-1624.

[56] 李玉山．SiAlON-SiC 复相材料的制备及性能研究［D］．唐山：河北理工大学，2005.

[57] 王小锋，王日初，彭超群，等．凝胶注模成型技术的研究与进展［J］．中国有色金属学报，2010，20（3）：496-509.

[58] 庞学满．氮化硅基陶瓷复合材料凝胶注模成型工艺研究［D］．天津：天津大学，2008.

[59] 邓捷．凝胶注模氮化硅基复合陶瓷的制备工艺与性能研究［D］．哈尔滨：哈尔滨工业大学，2009.

[60] Chen R, Wang C A, Huang Y, et al. Ceramics with special porous structures fabricated by freeze-gelcasting: using tert-butyl alcohol as a template［J］. Journal of the American Ceramic Society, 2007, 90（11）：3478-3484.

[61] Yang A K, Wang C A, Guo R, et al. Microstructure and Electrical Properties of porous PZT ceramics fabricated by different methods［J］. Journal of the American Ceramic Society, 2010, 93（7）：1984-1990.

[62] Yang A K, Wang C A, Guo R, et al. Porous PZT ceramics with high hydrostatic figure of merit and low acoustic impedance by TBA-based gel-casting process［J］. Journal of the American Ceramic Society, 2010, 93（5）：1427-1431.

[63] 杨安坤．高性能多孔锆钛酸铅陶瓷的制备及性能表征［D］．北京：清华大学，2011.

[64] 郭瑞，汪长安，杨安坤．3-3 型与 1-3 型多孔锆钛酸铅陶瓷的结构和性能［J］．硅酸盐学报，2011，39（11）：1780-1786.

[65] 刘永启，牟宝杰，郑斌，等．莫来石蜂窝陶瓷的阻力特性［J］．陶瓷学报，2012，33（2）：162-166.

[66] 张文彦．微孔氧化铝蜂窝陶瓷结构的制备研究［D］．南京：南京航空航天大学，2006.

[67] 黄肖容，黄仲涛．优化陶瓷膜孔结构的新型浆料分散剂［J］．新技术新工艺，1999（3）：42-43.

[68] 施云波，吕芳，冯侨华，等．多孔型阳极氧化铝膜的制备及微观分析［J］．长春理工大学学报（自然科学版），2010，33（1）：85-88.

[69] 王锡彬，熊杰，郭培，等．溶胶—凝胶法制备 Pb$(Zr_x,Ti_{1-x})O_3$ 薄膜研究进展［J］．电子元件与材料，2012，31（7）：70-75.

［70］ Guo R，Wang C A，Yang A K. Piezoelectric Properties of the 1-3 type porous lead zirconate titanate ceramics ［J］. Journal of the American Ceramic Society，2011，94（6）：1794-1799.

［71］ Guo R，Wang C A，Yang A K. Effects of pore size and orientation on dielectric and piezoelectric properties of 1-3 type porous PZT ceramics ［J］. Journal of the European Ceramic Society，2011，31（4）：605-609.

［72］ Guo R，Wang C A，Yang A K，et al. Enhanced piezoelectric property of porous lead zirconate titanate ceramics with one dimensional ordered pore structure ［J］. Journal of Applied Physics，2010，108（12）：124112.

［73］ Wakino K，Okada T，Yoshida N，et al. A new equation for predicting the dielectric constant of a mixture ［J］. Journal of the American Ceramic Society，1993，76（10）：2588-2594.

［74］ Bruggeman D A G. Berechnung verschiedener physikalischer Konstanten von heterogenen Substanzen. I. Dielektrizitätskonstanten und Leitfähigkeiten der Mischkörper aus isotropen Substanzen ［J］. Annalen der Physik，1935，416（7）：636-664.

［75］ Okazaki K. Recent developments in piezoelectric ceramics in Japan ［J］. Ferroelectrics，1981，35（1）：173-178.

［76］ Banno H. Effects of shape and volume fraction of closed pores on dielectric，elastic，and electromechanical properties of dielectric and piezoelectric ceramics—A theoretical approach ［J］. American Ceramic Society Bulletin，1987，66（9）：1332-1337.

［77］ Bowen C R，Perry A，Kara H，Mahon S W. Analytical modelling of 3-3 piezoelectric composites ［J］. Journal of the European Ceramic Society，2001，21（10/11）：1463-1467.

［78］ Bowen C R，Perry A，Lewis ACF，Kara H. Processing and properties of porous piezoelectric materials with high hydrostatic figures of merit ［J］. Journal of the European Ceramic Society，2004，24（2）：541-545.

［79］ Bowen C R，Kara H. Pore anisotropy in 3-3 piezoelectric composites ［J］. Materials Chemistry and Physics，2002，75（1/2/3）：45-49.

［80］ 肖文文. 多孔 PZT 的制备与性能表征 ［D］. 武汉：武汉理工大学，2008.

［81］ Okazaki K，Nagata K. Effects of grain size and porosity on electrical and optical properties of PLZT ceramics ［J］. Journal of the American Ceramic Society，1973，56（2）：82-86.

［82］ Mishra M，Lourenco P B，Ramana G V. Structural health monitoring of civil engineering structures by using the internet of things：A review ［J］. Journal of Building Engineering，2022，48：103954.

［83］ 刘小才. 土木工程结构健康监测的现状与发展 ［J］. 建筑安全，2023，38（2）：26-28，32.

［84］ 霍林生，宋钢兵，张建仁. 基于压电传感的结构健康监测 ［M］. 北京：人民交通出版社，2021.

［85］ Pan H H，Wang C K，Tia M，et al. Influence of water-to-cement ratio on piezoelectric properties of cement-based composites containing PZT particles ［J］. Construction and Building Materials，2020，239：117858.

[86] Li Z J, Zhang D, Wu K R. Cement-based 0-3 piezoelectric composites [J]. Journal of the American Ceramic Society, 2002, 85 (2): 305-313.

[87] Li Z J, Gong H Y, Zhang Y J. Fabrication and piezoelectricity of 0-3 cement based composite with nano-PZT powder [J]. Current Applied Physics, 2009, 9 (3): 588-591.

[88] Cheng X, Huang S F, Chang J, et al. Piezoelectric and dielectric properties of piezoelectric ceramic-sulphoaluminate cement composites [J]. Journal of the European Ceramic Society, 2005, 25 (13): 3223-3228.

[89] Cheng X, Huang S F, Chang J, et al. Piezoelectric, dielectric, and ferroelectric properties of 0-3 ceramic/cement composites [J]. Journal of Applied Physics, 2007, 101: 094110.

[90] Dong B Q, Liu Y Q, Han N X, et al. Study on the microstructure of cement-based piezoelectric ceramic composites [J]. Construction and Building Materials, 2014, 72: 133-138.

[91] Teng F, Luo J L, Gao Y B, et al. Piezoresistive/piezoelectric intrinsic sensing properties of carbon nanotube cement-based smart composite and its electromechanical sensing mechanisms: A review [J]. Nanotechnology Reviews, 2021, 10 (1): 1873-1894.

[92] Huang S F, Li X, Liu F T, et al. Effect of carbon black on properties of 0-3 piezoelectric ceramic/cement composites [J]. Current Applied Physics, 2009, 9 (6): 1191-1194.

[93] Aodkeng S, Rianyoi R, Ngamjarurojana A, et al. Effect of graphite on poling time and electrical properties of barium zirconate titanate-Portland cement composites [J]. Ferroelectrics, 2018, 526 (1): 161-167.

[94] Potong R, Rianyoi R, Ngamjarurojana A, et al. Influence of carbon nanotubes on the performance of bismuth sodium titanate-bismuth potassium titanate-barium titanate ceramic/cement composites [J]. Ceramics International, 2017, 43: S75-S78.

[95] Wittinanon T, Rianyoi R, Chaipanich A. Effect of polyvinylidene fluoride on the fracture microstructure characteristics and piezoelectric and mechanical properties of 0-3 barium zirconate titanate ceramic-cement composites [J]. Journal of the European Ceramic Society, 2020, 40 (14): 4886-4893.

[96] Xu X Y, Wang Z. Study on dynamic properties of 1-3 cement-based piezoelectric composites [J]. Construction and Building Materials, 2022, 316: 125797.

[97] Hu Y, Li H R, Liu P, et al. Fabrication and properties of 1-3 connectivity epoxy resin modified cement based piezoelectric composite [J]. Journal of Electroceramics, 2022, 48 (2): 67-73.

[98] Xu D Y, Cheng X, Banerjee S, et al. Design, fabrication, and properties of 2-2 connectivity cement/polymer based piezoelectric composites with varied piezoelectric phase distribution [J]. Journal of Applied Physics, 2014, 116: 244103.

[99] Rianyoi R, Potong R, Ngamjarurojana A, et al. Acoustic and electrical properties of 1-3 connectivity bismuth sodium titanate-Portland cement composites [J]. Materials Research Bulletin, 2014, 60: 353-358.

［100］Rianyoi R, Potong R, Ngamjarurojana A, et al. Acoustic impedance and electromechanical coupling coefficient of 2-2 parallel connectivity barium titanate piezoelectric ceramic-Portland cement composites ［J］. Integrated Ferroelectrics, 2016, 176（1）: 85-94.

［101］李远. 压电与铁电材料的测量 ［M］. 北京: 科学出版社, 1984.

2 3-0型和3-3型多孔压电陶瓷材料

2.1 直接发泡法制备多孔压电陶瓷

通过机械搅拌陶瓷浆料的方式直接产生气泡，之后再将气泡固化制备3-0型和3-3型压电陶瓷（泡沫压电陶瓷）。因此，制备稳定存在的陶瓷泡沫和在限定时间内将泡沫固化成型是两个关键技术。

2.1.1 颗粒稳定泡沫

机械搅拌发泡是利用强烈的机械搅拌，将气体混入陶瓷浆料中，使其形成均匀的陶瓷泡沫。

通常情况下，陶瓷浆料随搅拌叶的高速旋转会产生两种流动：强制流动和黏性流动。当搅拌叶高速旋转时，搅拌叶附近的浆料随搅拌叶一起运动，即为强制流动；同时，在搅拌叶的后方会形成一个涡流区，由于浆料自身的黏度，该区域外的浆料随着搅拌叶的旋转而产生旋转运动，形成漩涡，即为黏性流动。由于在强制涡流区形成较大的负压，液面上方的气体被吸入流体中形成气泡，并在搅拌叶附近的强制涡流区域集中形成。在搅拌初期，气泡首先在液体的表层区域形成，随着气泡生成量增加和液体搅动作用的持续，气泡数量增多，逐渐在液体内部均匀分布。所以，对于搅拌发泡法，气泡是逐渐增多的，直至极限保持动态平衡。

陶瓷浆料经搅拌发泡后，处于一个热力学上不稳定的状态，具有较大的比表面积和表面张力，容易出现气泡长大、兼并，甚至破裂的现象。因此，获取稳定存在的陶瓷泡沫是该工艺成功与否的关键技术之一。稳定存在的泡沫能够同时提高成型工艺的操作性和最终制备的多孔陶瓷的孔隙率和孔径分布等性能。

利用表面活性剂可以降低表面张力，起到稳定泡沫陶瓷浆料的作用。但是，由于表面活性剂的基团在气液界面间的吸附作用比较弱，容易脱落并导致泡沫结构不稳定，给后续的成型工艺带来极大的不便。此外，表面活性剂稳泡工艺来源于化工工业发泡，主要针对纯液体泡沫的稳定，需要找到合适的方法使陶瓷浆料中的粉体参与到泡沫的稳定中，进一步提高泡沫陶瓷浆料的稳定性。

2006年，瑞士苏黎世联邦理工大学的 Gauckler 小组在知名化学期刊《Angew. Chem. Int. Ed.》报道了一种超稳定陶瓷泡沫浆料制备工艺[1]：向陶瓷浆料中加入短链的两亲分子（碳链长度在几个碳原子以下），如丁酸，可以修饰氧化物陶瓷颗粒的表面，使其具有部分疏水性。将陶瓷浆料机械搅拌发泡，制得超稳定的颗粒稳定型陶瓷泡沫（particle-stabilized foam），气泡的结构能保持几个小时，甚至几天以上，充分解决了表面活性剂稳泡能力较低的缺陷。

丁酸分子的结构特征是一端为极性基，另一端为非极性基。当丁酸分子选择性的被吸附在亲水的陶瓷颗粒表面时，其极性基团接触颗粒，非极性基团则向外排斥，使得陶瓷颗粒的表面变成部分疏水界面，从而使粉体吸附在气液界面，如图 2-1 所示。

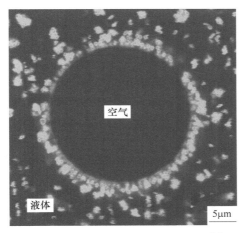

图 2-1　颗粒稳定型气泡的显微图片[1]

在此情况下，陶瓷泡沫浆料被认为是一种固体颗粒稳定的乳状液，只是用气相代替了油相，固体颗粒对空气或水的综合亲和力决定了陶瓷泡沫的稳定性。如图 2-2 所示，衡量固体粒子对空气或水的综合亲和力的参数是三相接触角。Schulman 和 Leja 等人的研究结果表明，当三相接触角太小时，颗粒对水的浸润性很好，被完全被吸入水中，当液膜减薄时，颗粒会随液体流走，无法对气泡起到很好的保护作用；当三相接触角太大时，颗粒对水的润湿能力很差，浸入水中的部分太少，形成的界面膜很薄，对稳定泡沫不利。只有当三相接触角在 90°左右时，颗粒对乳状液的稳定效果最好[2]。

目前，国内外人员研究了以丙酸、丁酸、戊酸、己酸和没食子酸丙酯等作为短链的两亲分子修饰陶瓷颗粒，采用直接发泡法制备多孔氧化铝陶瓷、氧化锆陶瓷和氮化硅陶瓷[3-4]。通过改变浆料的固含量、两亲分子溶液的种类和浓度、浆料 pH 值等参数，实现对多孔陶瓷孔隙率和开孔气孔率的精确控制。

2.1.2　凝胶注模成型

在得到稳定性良好的陶瓷泡沫浆料之后，需要通过成型工艺使浆料迅速固

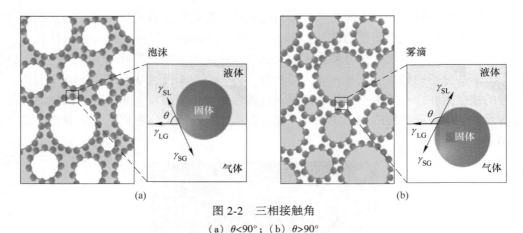

图 2-2　三相接触角

(a) $\theta < 90°$；(b) $\theta > 90°$

化。此处采用凝胶注模成型泡沫压电陶瓷。

　　凝胶是指胶体质点或高聚物分子相互联结形成的空间网络结构，在该网络结构的空隙中充满了分散介质（液体或气体）。凝胶不同于溶胶或溶液，它是介于固态和液态之间的一种特殊状态。在溶胶或溶液中，胶体质点或大分子可以自由运动，因而具有良好的流动性。而在凝胶中，分散相各质点相互联结，形成网络结构，将介质分子固定其中，使整个体系失去流动性，而显示出一定的力学性能如强度和弹性等。凝胶又不同于真正的固体，它是一种两相结构，仍属于胶体分散体系，结构强度有限，当外界条件如温度、介质成分和外加作用力等发生改变时，凝胶原有结构被破坏，导致不可逆变形，产生流动。

　　溶液或溶胶形成凝胶需要满足两个基本条件：（1）降低溶解度，使被分散的物质从溶液中以"胶态"分散析出；（2）析出的质点既不沉降也不能自由行动，而是构成骨架，通过整个溶液形成连续的网络结构。凝胶的形成与溶液的浓度、温度及电解质等因素有关，通常采取改变温度、加入电解质和改变溶液浓度等方法来形成凝胶。有些物质的溶液通过发生化学反应也可以形成凝胶体系，凝胶注模体系也是如此。

　　采用丙烯酰胺作为高分子单体的凝胶注模体系，体系包括：丙烯酰胺（AM）为单体、N，N'-亚甲基双丙烯酰胺（MBAM）为交联剂、过硫酸铵（APS）为引发剂，N，N，N'，N'-四甲基乙二胺（TEMED）为催化剂。在凝胶注模成型过程中，引发剂在催化剂和能量（如加热）作用下分解成为初级自由基，之后初级自由基引发单体和交联剂成为具有活性的单体自由基，可以打开第二个烯类分子的 π 键，形成新的自由基。新自由基的活性不会衰减，继续和其他单体分子结合成单元更多的链自由基，在进行链增长反应的同时发生交联反应形成大分子凝胶体[5-6]。

丙烯酰胺的反应过程如下：

（1）引发剂过硫酸铵（APS）分解产生初生自由基，如式 2-1 所示。

$$(NH_4)_2S_2O_8 \longrightarrow 2NH_4^+ + 2 \cdot SO_4^- \tag{2-1}$$

（2）初生自由基（·SO_4^- 简记为·R）与丙烯酰胺单体加成，形成单体自由基。

$$\cdot R + CH_2 = \underset{CONH_2}{CH} \longrightarrow RCH_2\underset{CONH_2}{CH} \cdot \tag{2-2}$$

（3）单体自由基与丙烯酰胺单体相结合，新生的单体末端不断有自由基转移，从而实现链增长：

$$RCH_2\underset{CONH_2}{CH} \cdot + nCH_4 = \underset{CONH_2}{CH} \longrightarrow RCH_2\underset{CONH_2}{CH} \underset{CONH_2}{\left[CH_2CH \right]_n} \underset{CONH_2}{CH_2CH} \cdot \tag{2-3}$$

（4）随着反应的不断进行，聚丙烯酰胺长链分子的量不断增加，长链分子通过链间作用，形成聚合物网络结构。

聚丙烯酰胺长链分子的链间作用包括两种机制，即长链分子之间的亚胺化交联作用和交联剂与长链分子的桥接交联作用。式（2-4）为长链分子之间的加成，反应脱去一个 NH_3。

$$\underset{CONH_2}{\left[CH_2-CH \right]_n} \underset{CONH_2}{CH_2-CH} - + \underset{CONH_2}{\left[CH_2-CH \right]_n} \underset{CONH_2}{CH_2-CH} - \longrightarrow$$

$$\begin{array}{c} \underset{CONH_2}{\left[CH_2-CH \right]_n} \underset{\underset{NH}{\overset{CO}{|}}}{CH_2-CH} \\[2mm] \underset{CONH_2}{\left[CH_2-CH \right]_n} \underset{}{CH_2-CH-CO} \end{array} + NH_3 \tag{2-4}$$

作为交联剂的 N, N'-亚甲基双丙酰胺（MBAM）在配置单体溶液时加入。由于它具有两个碳碳双键，可以通过桥接作用使聚丙烯酰胺长链相互连接起来，形成网络结构，如式（2-5）所示。

$$2\left\{\begin{array}{c}-\text{CH}_2\text{CH}-\left[\text{CH}_2\text{CH}\right]_n\text{CH}_2\text{CH}-\\ \quad | \qquad\qquad | \qquad\qquad | \\ \text{CONH}_2 \qquad \text{CONH}_2 \qquad \text{CONH}_2\end{array}\right\} + \begin{array}{c}\text{CH}_2=\text{CH} \qquad\qquad\qquad \text{CH}=\text{CH}_2\\ \quad | \qquad\qquad\qquad\qquad\qquad | \\ \text{C}-\text{NH}-\text{CH}_2-\text{NH}-\text{C}\\ \quad || \qquad\qquad\qquad\qquad\qquad || \\ \text{O} \qquad\qquad\qquad\qquad\qquad \text{O}\end{array}$$

$$\longrightarrow \begin{array}{c}-\text{CH}_2\text{CH}-\left[\text{CH}_2\text{CH}\right]_n\text{CH}_2\text{CH}-\text{CH}_2\text{CH}-\\ \quad | \qquad\qquad | \qquad\qquad | \qquad\qquad | \\ \text{CONH}_2 \quad \text{CONH}_2 \quad \text{CONH}_2 \quad \text{CO}\\ \qquad\qquad\qquad\qquad\qquad\qquad\qquad | \\ \text{NH}\\ | \\ \text{CH}_2\\ | \\ \text{NH}\\ | \end{array}$$ (2-5)

$$\begin{array}{c}\text{CONH}_2 \qquad \text{CONH}_2 \qquad \text{CONH}_2\\ \quad | \qquad\qquad | \qquad\qquad | \qquad\qquad | \\ -\text{CH}_2\text{CH}-\left[\text{CH}_2\text{CH}\right]_n\text{CH}_2\text{CH}-\text{CH}_2\text{CH}-\text{CO}\end{array}$$

　　高分子的聚合度是由链终止与链转移过程中生成的不含自由基的高分子决定的。体系的固含量，单体浓度，环境温度，催化剂和引发剂加入量都影响着聚合反应的进行，因而可以通过调节引发剂的含量、催化剂的含量以及聚合温度控制聚合反应的进行。

2.1.3　工艺路线

　　采用颗粒稳定发泡结合凝胶注模成型工艺制备泡沫压电陶瓷，工艺路线如图 2-3 所示。

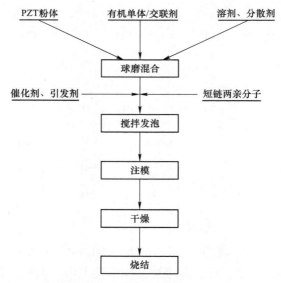

图 2-3　凝胶注模成型颗粒稳定型泡沫浆料工艺流程图

（1）将 PZT 陶瓷粉体，分散剂及单体预混液混合球磨 5~10h（转速为 800r/min），得到分散均匀的陶瓷浆料。

（2）向陶瓷浆料中加入短链的两亲分子戊酸或没食子酸丙酯，并通过 HCl 或 NaOH 调节 pH 值至适宜范围，球磨 4h（转速为 500r/min），使短链的两亲分子充分修饰陶瓷颗粒表面。

（3）向陶瓷浆料中加入催化剂和引发剂并搅拌，搅拌器转速为 300r/min，搅拌时间为 5min，得到陶瓷泡沫浆料。把泡沫浆料注入模具，发生单体固化反应，制得泡沫压电陶瓷坯体。

（4）将陶瓷湿坯置于 40℃烘箱内干燥 24h，之后在富铅的环境中高温烧结，制得泡沫 PZT 陶瓷。

2.1.4 工艺参数优化

2.1.4.1 浆料的制备

A 浆料的稳定性

凝胶注模成型工艺的特点是原位固化，浆料保持悬浮体的状态，由单体聚合构建空间网络。因此，浆料的稳定性对坯体成型有着很重要的影响。根据带电胶体粒子稳定的理论（DLVO 理论），浆料中的陶瓷颗粒和分散介质之间有着较大的表面能，另外，陶瓷浆料中的颗粒始终存在布朗运动。因此，粉体颗粒有自动团聚在一起发生沉降反应，从而减少表面能的趋势。为了使浆料保持稳定的状态，可以采用以下三种方法：

（1）静电稳定：通过调节 pH 值，使陶瓷颗粒都带上大量同种符号的电荷，从而彼此相互排斥；

（2）空间位阻稳定：通过加入分散剂，使陶瓷颗粒表面吸附一些物质，依靠该物质的阻碍作用防止粉体颗粒的相互靠近；

（3）静电位阻稳定：静电稳定和空间位阻稳定两种途径共同起作用的结果，常使用的分散剂有谷氨酸钠和聚丙烯酸等阴离子表面活性剂。

本实验选取了以下几种分散剂作为研究对象：阿拉伯树胶（Arabic gum）、柠檬酸铵（TAC）、聚乙二醇（PEG2000）。配制固相体积分数为 15% 的陶瓷浆料，加入质量分数 0.5% 分散剂，经过球磨混合后倒入 20mL 的试管中，液面高度在 15mL 刻度处，静置一段时间后测量悬浮液上层清液高度。

如图 2-4 所示，分散剂对浆料稳定性的提高有显著效果，对不同种类的分散剂来说，阿拉伯树胶可以达到最好的稳定效果。阿拉伯树胶的高分子长链通过氢键力、静电力和范德华力可以吸附在颗粒的表面上，从而在陶瓷颗粒的表面形成一层具有一定厚度的高分子保护膜，并把亲水性基团向水中延伸。包附在颗粒上的高分子链由于压缩变形或局部质量分数的增高保证了空间稳定。因此，PZT 颗粒表面由于形成了较厚的吸附层，颗粒之间的静电作用受到屏蔽（双电层厚度小于树胶吸附层的厚度），位阻稳定对分散体系的 pH 值、环境温度等敏感程度较小，分散稳定效果好。因此，选取阿拉伯树胶作为浆料的分散剂[7-8]。

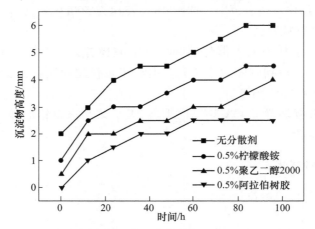

图 2-4　不同分散剂（质量分数）对料浆沉降速度的影响

B　浆料的流变性

流变性是指在外力作用（通常用剪切应力来表示）下分散体系的流动性（通常用剪切速率或表观黏度来表示）发生有规律变化的特性，通过流变学实验，从物体表现出来的宏观流变性质可以联系到内部结构的本质。

黏度反映浆料内摩擦或黏（滞）性的特征量，是流体内部阻碍其相对流动的一种特性。流体根据其黏度随剪切速率或剪切应力的变化特征可分为牛顿流体和非牛顿流体。牛顿流体的黏度是常数，不随剪切速率或剪切应力的变化而变化，用黏度这一数值就能表征牛顿流体的特性：

$$\tau = \eta \cdot \gamma \tag{2-6}$$

式中，τ 为剪切应力；γ 是剪切速率；η 为黏度因子，它代表了液体分子之间内部摩擦造成的流动阻力。

所有气体、纯液体和小分子量的稀溶液通常都属于牛顿流体。

黏度随剪切速率或剪切应力的变化而变化的流体是非牛顿流体，陶瓷浆料基本都属于此类。非牛顿流体中的两个重要现象是剪切变稀和剪切增稠。非牛顿流体的黏度随剪切速率的增加而降低，这种现象称为剪切变稀；反之，若是流体黏度随剪切速率或的增加而提高，这种现象称为剪切增稠。这两种现象可能体现在不同类型的浆料中，也可能在同一浆料的不同状况下出现。通常体系中的黏度越低则体系越稳定，粉体在体系中的分散性越好。因此可以用陶瓷/溶剂/分散剂体系的黏度来评价体系的稳定性和分散剂的分散效果。

图 2-5 所示为陶瓷浆料添加不同含量阿拉伯树胶后的流变曲线。由图 2-5 可以看出，浆料的黏度随着阿拉伯树胶粉含量的增加而先减小后增大，当阿拉伯树胶的添加量（质量分数）为 1.0%时，浆料的黏度最小。根据阿拉伯树胶的稳定机制，阿拉伯树胶是亲水疏油的极性分子，可以提高 PZT 颗粒表面的润湿性。在悬浮液中，阿拉伯树胶分子的一些链节通过尾式、卧式或环式吸附在 PZT 颗粒的表面，另一端则在水介质中充分伸展，形成空间位阻层，阻碍颗粒间的碰撞或聚结。当悬浮液中阿拉伯树胶添加量较少时，无法满足 PZT 颗粒表面的饱和吸附，因此颗粒之间由于碰撞容易形成颗粒簇，与此同时，由于陶瓷颗粒存在暴露的表面，颗粒之间还可能在阿拉伯树胶分子链的桥接作用下形成类似颗粒簇的团聚体。这些通过范德华力和阿拉伯树胶分子桥接作用形成的颗粒簇数量越多，悬浮液的黏度就越大。当阿拉伯树胶的添加量（质量分数）为 1.0%时，PZT 颗粒表面达到单层饱和吸附，树胶吸附层阻碍了 PZT 颗粒的相互靠近，此时粒子间斥力最大，浆料的黏度最小。当阿拉伯树胶的含量继续增大时，浆料中的 PZT 颗粒过饱和吸附阿拉伯树胶，导致溶液中的阿拉伯树胶浓度上升，通过范德华力和树胶分子间桥接形成的颗粒簇数量越多，包裹 PZT 颗粒的体积逐渐增大，不利于热运动。未被吸附和吸附于颗粒表面的有机物长链互相缠绕和作用，使颗粒聚集和絮凝，并导致浆料的黏度明显提高。

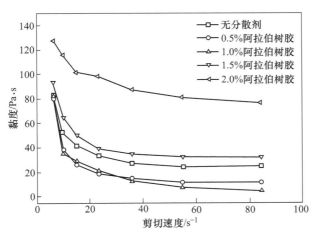

图 2-5 分散剂含量（质量分数）对浆料黏度的影响

在保证浆料黏度的前提下，为了最大程度的减小分散剂对浆料发泡率可能的影响，本实验选择添加含量（质量分数）为 0.5%的阿拉伯树胶粉作为分散剂。

C 短链两亲分子对浆料发泡率的影响

配制固相体积分数为 15%的陶瓷浆料，再加入短链的两亲分子——戊酸，控制戊酸浓度为 0.05mol/L；或者加入没食子酸丙酯，同样控制其浓度为 0.05mol/L，再球磨 4h。

每次取 50mL 陶瓷浆料，用盐酸或 NaOH 溶液调节 pH 值，对于戊酸修饰，调节 pH 值为 5；对于没食子酸丙酯修饰，调节 pH 值为 9。当戊酸在弱酸性的环境中时，PZT 颗粒表面电荷吸附着 [—OH$_2^+$] 基团，带负电的戊酸根由于静电作用吸附在 PZT 颗粒表面，疏水的碳链必然指向溶液，从而使 PZT 颗粒表面具有部分的疏水性。对于没食子酸丙酯，作用原理相似。在弱碱性环境中，酚羟基电离失去氢，带负电的氧就会被表面带部分正电荷的 PZT 颗粒吸引，从而吸附在 PZT 颗粒表面，而没食子酸分子的另一端是疏水的短碳链，背离 PZT 颗粒，使 PZT 颗粒具有一定的疏水性。因此，PZT 颗粒向气泡集中，吸附在气液界面。吸附在气液界面上的 PZT 颗粒一方面大大降低了界面张力；另一方面，由于大量的 PZT 颗粒吸附在气泡壁上，当它们都具有适当的疏水性时，颗粒之间相互作用，形成网络结构，可以牢固的稳定液膜和气泡。

浆料经高速搅拌发泡后，记录发泡率，如图 2-6 所示。戊酸修饰的 PZT 浆料发泡率为 2.46，没食子酸丙酯修饰的浆料发泡率仅为 1.41。

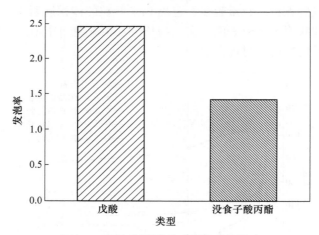

图 2-6 两亲分子类型对发泡率的影响

从两者的分子结构（见图 2-7）分析，一方面，戊酸分子中疏水基团——烷基碳链的长度比没食子酸丙酯分子中的碳链长度长，修饰粉体颗粒后，颗粒具有更好的疏水性，从而更易于稳定泡沫；另一方面，羧基的酸性要强于酚羟基，其电离度更大，而相对分子质量更小，因此易于吸附在 PZT 颗粒表面，实现对 PZT 颗粒的表面改性，故戊酸修饰的 PZT 浆料发泡率优于没食子酸丙酯。

因此，在后续实验中选择戊酸作为短链的两亲分子稳定颗粒发泡。

2.1.4.2 坯体的成型

凝胶注模成型工艺的关键步骤是在配置好的陶瓷浆料中加入一定量的催化剂

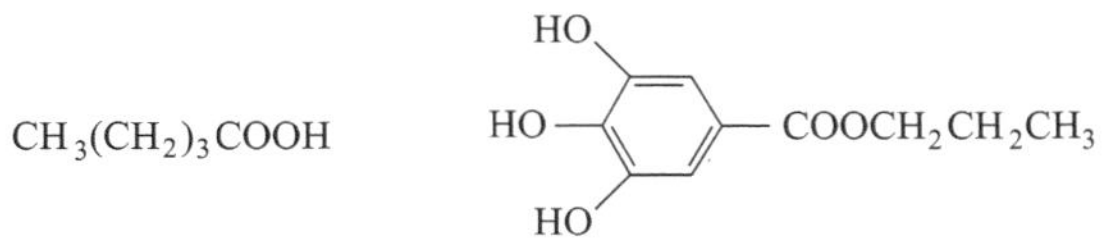

$$CH_3(CH_2)_3COOH$$

图 2-7　短链两亲分子的分子式
（a）戊酸分子式；（b）没食子酸丙酯分子式

和引发剂，搅拌均匀后注入模具中，经过一段时间的静置，陶瓷浆料固化成为具有一定强度的坯体。陶瓷浆料固化的主要原理是丙烯酰胺单体在引发剂分解出来的初级自由基作用下形成初级单体自由基，通过高分子之间不断的链加成反应，形成聚丙烯酰胺长链，在交联剂的作用下形成网络结构，陶瓷颗粒固定于网络结构中。陶瓷颗粒与聚合物凝胶通过吸附作用，形成具有一定强度的陶瓷坯体。催化剂则起到降低反应所需的活化能，减少高分子网络结构形成所需能量的作用。因此，通过调节引发剂和催化剂的加入量，往往可以控制单体聚合反应的开始时间和剧烈程度。

配制固相体积分数为 15%，戊酸浓度为 0.05mol/L，pH 值为 5 的 PZT 陶瓷浆料。每次取一定量的浆料，加入体积分数的催化剂和引发剂（见表 2-1），并搅拌陶瓷浆料 5min 发泡，再把浆料注模，记录浆料的固化时间，观察胶凝现象。

表 2-1　催化剂和引发剂对浆料固化时间的影响

编号	催化剂 （体积分数）/%	引发剂 （体积分数）/%	环境温度 /℃	胶 凝 现 象
1	0.2	0.4	25	不固化
2	0.2	0.4	60	30min 后固化，但是加热过程中气泡遇热膨胀，坯体变形
3	0.3	0.6	25	不固化
4	0.4	0.8	25	45min 后固化
5	0.5	1.0	25	5min 后固化，操作时间充足，形成完整的坯体
6	0.8	1.6	25	搅拌发泡过程中坯体固化，没有操作时间

依据作者所在课题组制备致密 Al_2O_3 陶瓷产品时的经验，催化剂和引发剂的加入量分别为溶剂体积的 0.1% 和 0.2% 时即可完成固化。但是，在制备多孔 PZT 陶瓷时，由于泡沫浆料中引入了大量的空气，阻碍了单体的聚合，正常的催化剂和引发剂用量难以使浆料固化。通常情况下，通过增加催化剂和引发剂的用量，或者提高浆料的温度可以促进单体固化。当催化剂和引发剂的加入量分别为溶剂

体积的 0.2% 和 0.4% 时，泡沫浆料尽管可以在 60℃ 下固化，但是泡沫内的气体遇热膨胀，一方面使气孔的孔径增大，另一方面使坯体变形，并不适用于制备多孔陶瓷。继续增加催化剂和引发剂用量至溶剂体积的 0.4% 和 0.8%，浆料在注模 45min 后可以固化。直至催化剂和引发剂用量增至溶剂体积的 0.5% 和 1.0%，浆料可以在注模 5min 后固化，保证了气孔的尺寸和形状。继续提高催化剂、引发剂用量至溶剂体积的 0.8% 和 1.6%，浆料在搅拌发泡过程中即固化，操作时间不足。

因此，选择催化剂和引发剂的加入量为溶剂体积的 0.5% 和 1.0%。

2.2 陶瓷浆料固含量对材料的影响

浆料的固含量是胶态成型工艺制备多孔陶瓷最重要的参数之一，通过控制浆料的固含量可以对浆料中水和粉料的相对含量进行控制，进而对多孔陶瓷样品的各种性能参数进行控制。

本节制备了固含量（体积分数）分别为 10%、15%、20%、25% 和 30% 的 PZT 陶瓷浆料，戊酸浓度为 0.05mol/L，pH 值为 5，烧结温度 1150℃。

2.2.1 成分与物相分析

表 2-2 所列为 PZT 粉体的化学成分组成。经过计算，PZT 粉体的化学式为 $Pb(Zr_{0.44}Ti_{0.56})O_3$（质量分数为 86.61%），多余的 PbO（质量分数为 5.38%）用于防止烧结过程中铅的缺失，NbO、SrO 和 MgO 则起到改善 PZT 陶瓷机电耦合性能的作用。

表 2-2　PZT 陶瓷粉体化学组成（质量分数）　　　　　　（%）

成　分	组　成	成　分	组　成
PbO	62.73	SrO	2.20
ZrO_2	15.70	MgO	1.58
TiO_2	13.56	CaO	0.10
NbO	3.15	剩余	0.98

图 2-8 所示为 PZT 粉体原料和多孔 PZT 陶瓷的 XRD 衍射图。如图所示，PZT 粉体和多孔 PZT 陶瓷均为钙钛矿结构，没有杂相生成，添加的氧化物完全进入主晶格。

2.2.2 孔隙率和显微形貌

图 2-9 所示为固含量对发泡率和相对密度的影响。随着浆料的固相体积分数

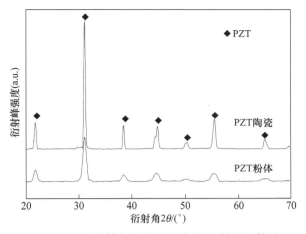

图 2-8　PZT 粉体与多孔 PZT 陶瓷 X 射线衍射图

从 10% 增大到 30%，发泡率由 2.86 下降到 1.16，坯体的相对密度相应地由 27.6% 上升到 72.2%，即孔隙率由 72.4% 下降到 27.8%。当浆料的固含量较低时，单位体积内的陶瓷颗粒可以吸附更多数量的戊酸分子，并且浆料的黏度较小，均有利于浆料发泡率的提高，进而得到孔隙率较高的多孔 PZT 陶瓷。因此，通过改变浆料的固含量，可以任意调整陶瓷浆料的发泡率和陶瓷坯体的孔隙率，从而获得性能优异的多孔 PZT 陶瓷。

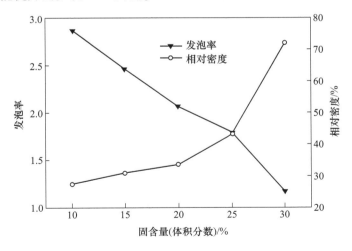

图 2-9　固含量对发泡率和相对密度的影响

图 2-10 所示为不同固含量多孔 PZT 陶瓷的显微形貌。由图 2-10（a）~（c）可知，多孔陶瓷的孔隙形状规则，并且随着固相含量的增大，浆料的发泡率降

低，黏度增大，气泡的稳定性增强，阻止了气泡尺寸的长大，多孔陶瓷的孔径尺寸由 250μm 降至 90μm。此外，当陶瓷浆料的固相含量较低时，由于单位气泡上黏附的陶瓷颗粒数量相对较少，多孔陶瓷坯体在干燥时容易出现收缩不均的情况，导致气孔的孔壁上出现窗口，形成了 3-3 型 PZT 压电陶瓷；随着固含量的增大，浆料发泡率降低，单位气泡上黏附的陶瓷颗粒数量增多，坯体收缩更均匀，避免了裂纹的出现，形成了 3-0 型 PZT 压电陶瓷。图 2-10（d）所示为多孔 PZT 陶瓷的孔壁形貌，晶粒结合紧密，孔壁完整没有窗口，晶粒大小均匀，平均尺寸为 1.1μm。

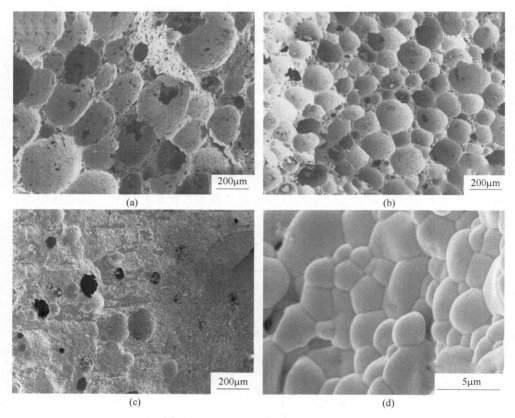

图 2-10 3-3 型 PZT 陶瓷的显微形貌

（a）体积分数为 10%；（b）体积分数为 20%；（c）体积分数为 30%；（d）体积分数为 20%，高倍分辨率

2.2.3 介电性能

图 2-11 所示为多孔 PZT 陶瓷的孔隙率对相对介电常数 ε_r 的影响，测试频率为 1kHz。如图 2-11 所示，当多孔 PZT 陶瓷的孔隙率增高时，坯体内的 PZT 陶瓷

相减少，空气相增大，由于空气相的相对介电常数远低于 PZT 相，因此多孔 PZT 陶瓷的相对介电常数显著下降。利用 Banno 的立方体修正模型进行理论数值的模拟：

$$\varepsilon_{\mathrm{r}} = \varepsilon_1 \times \left[1 + \frac{1}{p^{1/3}\left(\dfrac{\varepsilon_1}{\varepsilon_0} - 1\right)K_{\mathrm{s}}^{2/3}} \times \frac{p^{2/3}}{K_{\mathrm{s}}^{2/3}} - \frac{p^{2/3}}{K_{\mathrm{s}}^{2/3}} \right] \tag{2-7}$$

式中，ε_{r} 为多孔压电陶瓷的相对介电常数；ε_1 和 ε_0 分别为致密压电陶瓷和空气的相对介电常数；p 为孔隙率；K_{s} 为形状因数（球形时，K_{s} 为 1；椭圆形时，K_{s} 为 0.5）。

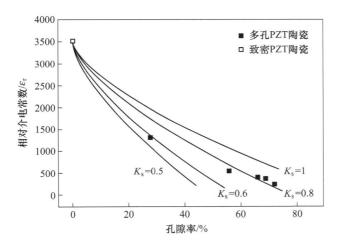

图 2-11 孔隙率对相对介电常数的影响

相对介电常数 ε_{r} 的实验结果分布在 $K_{\mathrm{s}} = 0.5$ 和 1 的两个边界之间。通过调节 K_{s} 参数，实验数据与理论数值有很好的匹配。当多孔 PZT 陶瓷的孔隙率小于 30% 时，相对介电常数 ε_{r} 的值与 $K_{\mathrm{s}} = 0.6$ 相符，孔的形状倾向于椭圆形。随着孔隙率的增大，相对介电常数 ε_{r} 的变化与 $K_{\mathrm{s}} = 0.8$ 更符合，推断由开孔气孔率的增大和孔形状向球形变化的共同作用造成，这从多孔 PZT 陶瓷的显微形貌图中也有所体现。

当孔隙率为 72.4% 时，相对介电常数 ε_{r} 的最低值仅为 288，远远低于致密 PZT 陶瓷的对应数值 3500。低的相对介电常数有利于改善静水压压电电压常数 g_{h} 和静水压品质因数 HFOM。

2.2.4 压电性能

图 2-12 所示为多孔 PZT 陶瓷的孔隙率对纵向压电应变常数 d_{33} 和静水压压

电应变常数 d_h 的影响。当孔隙率在 27.8% ~ 68.7% 之间时，一方面随孔隙率的增大，多孔 PZT 陶瓷的压电相含量减小；另一方面，由于孔隙周围存在的内应力使多孔 PZT 陶瓷产生微观应力和应变，孔隙率的增加导致微观应力和应变增大。增加的微观应力不仅对畴壁起钉扎作用，而且阻碍晶粒生长，使晶粒细化，从而对畴壁运动起到阻碍作用，因此多孔 PZT 陶瓷的纵向压电应变常数 d_{33} 随孔隙率升高呈线性下降。当孔隙率大于 68.7% 时，多孔 PZT 陶瓷的孔结构由闭孔向开孔转变，意味着孔壁上出现了大量的缺陷，多孔 PZT 陶瓷在受到外力作用时产生的压电效应大幅下降，导致纵向压电应变常数 d_{33} 出现明显的减小。

静水压压电应变常数 d_h （$d_h = d_{33} + 2d_{31}$）随孔隙率的增大则出现了不同的变化趋势。当多孔 PZT 陶瓷的孔隙率由 27.8% 增至 68.7% 时，由于纵向压电应变常数 d_{33} 与横向压电应变常数 d_{31} 的符号相反，横向压电应变常数 d_{31} 的减小速度要高于纵向压电应变常数 d_{33}，静水压压电应变常数 d_h 由 176pC/N 增大至 209pC/N；随着孔隙率的继续增大，纵向压电应变常数 d_{33} 的减小速度超过了横向压电应变常数 d_{31}，导致静水压压电应变常数 d_h 出现了下降的趋势。

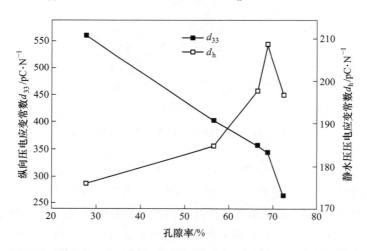

图 2-12　孔隙率对纵向压电应变常数和静水压压电应变常数的影响

图 2-13 所示为孔隙率对静水压压电电压常数 g_h （$g_h = d_h / (\varepsilon_r \varepsilon_0)$）的影响。显然，随着孔隙率的增大，在静水压压电应变常数 d_h 升高和相对介电常数 ε_r 降低的共同作用下，静水压压电电压常数 g_h 由 $14.8 \times 10^{-3} V \cdot m/N$ 增至 $77.3 \times 10^{-3} V \cdot m/N$。

图 2-14 所示为多孔 PZT 陶瓷的孔隙率对静水压品质因数 HFOM （HFOM = $d_h \times g_h$）的影响。静水压品质因数随着孔隙率的增大而显著增高，最大值达到了 $15236 \times 10^{-15} Pa^{-1}$，比致密 PZT 陶瓷 （$81 \times 10^{-15} Pa^{-1}$）提高了 100 多倍。

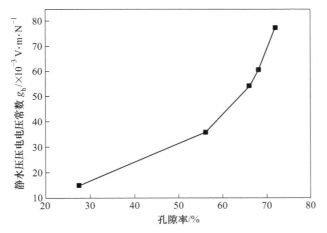

图 2-13　孔隙率对静水压压电电压常数的影响

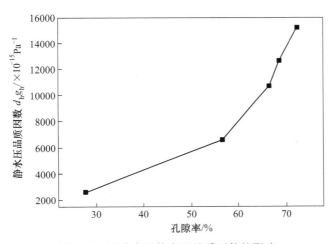

图 2-14　孔隙率对静水压品质因数的影响

2.2.5　声阻抗

多孔 PZT 陶瓷的声阻抗与孔隙率的关系如图 2-15 所示。从中可以看出，声阻抗随孔隙率的增大呈近似线性关系的下降。这是由于声波在空气中的传播速度远低于其在 PZT 陶瓷相中的速度，因此多孔 PZT 陶瓷的声阻抗主要决定于孔隙率。本书中声阻抗的最低数值达到了 1.95×10^6 kg/($m^2 \cdot s$)，与水（约 1.5×10^6 kg/($m^2 \cdot s$)）相近，有利于减少陶瓷相和介质之间界面处的能量损失，改善声学匹配。

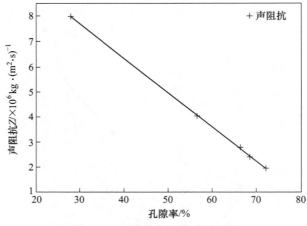

图 2-15   声阻抗与孔隙率的关系

2.3   浆料组成对材料的影响

除了浆料的固含量之外，浆料的组成、戊酸的浓度和浆料的 pH 值也对浆料的发泡率有显著影响，进而影响多孔 PZT 陶瓷的性能。

本节制备了固含量（体积分数）为 15% 的陶瓷浆料，分别改变以下实验参数：（1）戊酸浓度为 0.01mol/L、0.03mol/L、0.05mol/L、0.07mol/L、0.09mol/L，pH 值为 5；（2）戊酸浓度为 0.05mol/L，浆料 pH 值分别为 1、3、5、7、9。烧结温度为 1150℃。

2.3.1   孔隙率和显微形貌

图 2-16 所示为戊酸浓度对浆料发泡率和多孔 PZT 陶瓷密度的影响。可以看

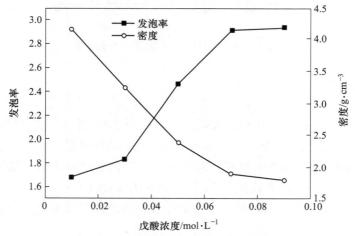

图 2-16   戊酸浓度对发泡率和密度的影响

出，随着戊酸浓度的增加，浆料发泡率由 1.68 提高至 2.93。当戊酸浓度小于 0.03mol/L 时，吸附在单个陶瓷颗粒上的戊酸分子数量较少，陶瓷颗粒的疏水性较低，从而导致浆料的发泡率也很小；随着戊酸浓度的提高，修饰陶瓷颗粒的戊酸分子数量增多，陶瓷颗粒具有足够的疏水性，吸附于气液表面的能力增强，其发泡率显著增大。多孔 PZT 陶瓷的密度则随着发泡率的增大由 4.16g/cm³ 降至 1.80g/cm³。

图 2-17 所示为不同戊酸浓度的多孔 PZT 陶瓷显微形貌。如图 2-17（a）所示，由于浆料的发泡率较低，浆料中的陶瓷颗粒足以在发泡时紧密地堆积在气泡表面，并且在成型、干燥和烧结的过程中保持对气泡表面的包覆，保证坯体的强度，导致多孔 PZT 陶瓷的孔隙基本为闭孔结构，平均孔径为 223μm，孔壁厚度为 30μm。随着发泡率的升高，吸附在单个气泡表面的陶瓷颗粒数量明显减少，因此多孔 PZT 陶瓷坯体在后续的干燥、烧结过程中出现了收缩不均的现象，孔壁上出现了窗口，坯体强度也急剧下降，制得了具有开孔结构的 3-0 型 PZT 陶瓷。

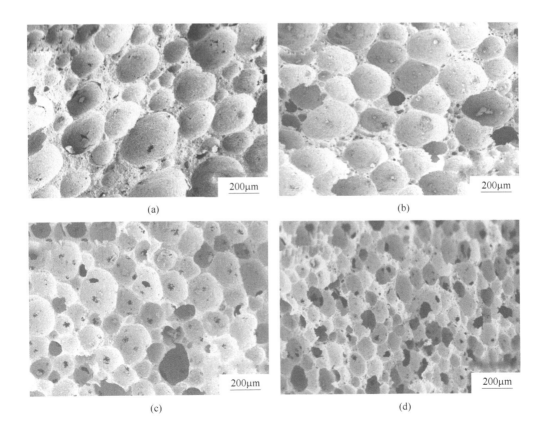

(a)

(b)

(c)

(d)

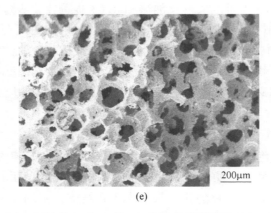

(e)

图 2-17　3-3 型 PZT 陶瓷的显微形貌

（a）0.01mol/L；（b）0.03mol/L；（c）0.05mol/L；（d）0.07mol/L；（e）0.09mol/L

　　图 2-18 所示为 pH 值对浆料发泡率和多孔 PZT 陶瓷密度的影响。当浆料 pH 值在 1~5 之间时，发泡率由 1.96 增大到最高值 2.46，多孔 PZT 陶瓷的密度由 3.01g/cm³ 降至最小值 2.38g/cm³。其原因主要是 pH 值降低，溶液中大量的 H^+ 阻碍了戊酸电离，因此浆料中能起到修饰 PZT 颗粒表面作用的戊酸根离子浓度也急剧减少，导致发泡率降低。当浆料的 pH 值超过 5，继续上升接近 PZT 浆料的等电点（pH=6.5~7），浆料的黏度增大，颗粒容易出现团聚的现象，导致发泡率降低至 1.76。当浆料的 pH 值呈弱碱性时，戊酸的电离程度固然增加，增多了戊酸根，有助于增大 PZT 颗粒表面戊酸根的吸附量，但是也减少了 PZT 颗粒表面的正电荷，降低了 PZT 表面的吸附能力，两种矛盾的作用，使发泡率进一步降

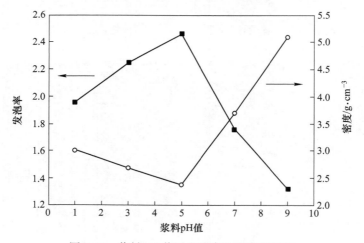

图 2-18　浆料 pH 值对发泡率和密度的影响

低至 1.32。同时，与发泡率的变化趋势相反，多孔 PZT 陶瓷的密度由 2.38g/cm³ 升至 5.09g/cm³。

图 2-19 所示为不同浆料 pH 值的多孔 PZT 陶瓷的显微形貌。如图所示，当

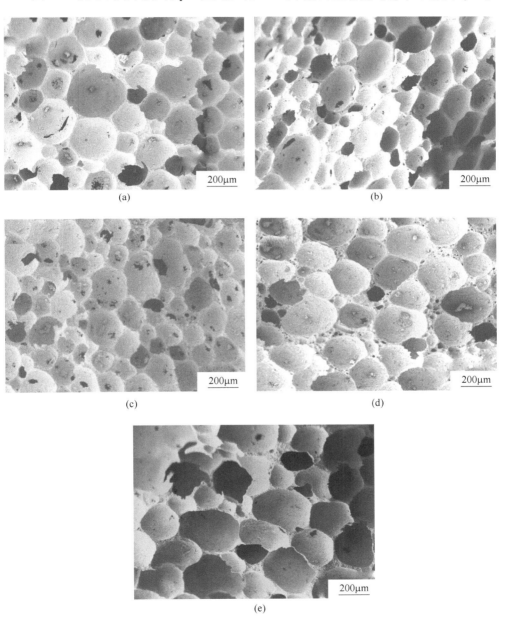

图 2-19　不同 pH 值的多孔 PZT 陶瓷的显微形貌
（a）pH 值为 1；（b）pH 值为 3；（c）pH 值为 5；（d）pH 值为 7；（e）pH 值为 9

pH 值过小或过大时，由于戊酸的修饰作用降低，PZT 颗粒的表面疏水性不强，表面张力过大，气泡的稳定性下降，导致气泡合并粗化的速度迅速增大，气孔的孔径大小分布不均匀，呈现大、小气孔夹杂分布的状态，多孔 PZT 陶瓷的平均孔径尺寸则由 137μm 增至 237μm。

2.3.2   介电性能

图 2-20 所示为孔隙率对多孔 PZT 陶瓷相对介电常数的影响，测试频率为 1kHz。在设计实验时，戊酸浓度 0.05mol/L 和 pH 值为 5 的实验参数在两组实验中出现了重叠，制得的多孔 PZT 陶瓷孔隙率为 68.7%。因此，分析多孔 PZT 陶瓷的介电和压电性能时，仅在以下分析图谱中标注一个数据点。

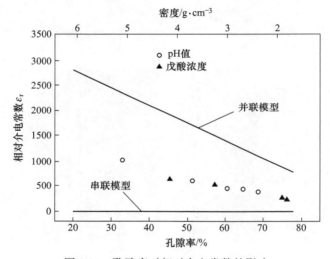

图 2-20   孔隙率对相对介电常数的影响

如图 2-20 所示，随着孔隙率的增大，多孔 PZT 陶瓷的相对介电常数基本呈线性下降的趋势。利用一般经验公式可以计算多孔 PZT 陶瓷的相对介电常数：

$$\varepsilon_r^\alpha = \sum_i V_i \varepsilon_{ri}^\alpha \tag{2-8}$$

式中，ε_r 是复合材料的相对介电常数；ε_{ri} 和 V_i 分别是每种组成材料的相对介电常数和体积分数；α 是常数。

当复合材料各相的连接为串联模型时，即多孔压电陶瓷为完全开孔陶瓷，$\alpha = -1$；当复合材料各相的连接为并联模型时，即多孔压电陶瓷为完全闭孔陶瓷，$\alpha = 1$。由此可以看出，实测相对介电常数在计算边界之间，并且随着孔隙率增大，由于多孔 PZT 陶瓷开孔气孔率提高，相对介电常数更趋向于串联模型的边界。

2.3.3 压电性能

图 2-21 所示为多孔 PZT 陶瓷的孔隙率对纵向压电应变常数 d_{33} 的影响。当孔隙率在 33.0%~68.7% 之间时，由于引入了无压电性的空气相，纵向压电应变数 d_{33} 随孔隙率的增大而呈线性下降。当孔隙率大于 68.7% 时，多孔 PZT 陶瓷的开孔气孔率大幅上升，影响了材料的压电性能，导致纵向压电应变常数 d_{33} 急剧下降。

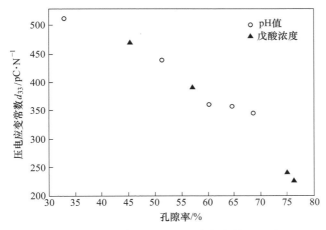

图 2-21　孔隙率对纵向压电应变常数的影响

图 2-22 所示为多孔 PZT 陶瓷的孔隙率对静水压压电应变常数 d_h 的影响。对于 pH 值的变化来说，随着孔隙率由 33.0% 增至 68.7%，纵向压电应变常数 d_{33}

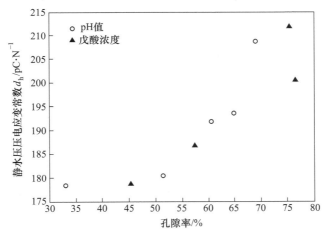

图 2-22　孔隙率对静水压压电应变常数的影响

的减小速度要低于横向压电应变常数 d_{31}，因此，静水压压电应变常数 d_h 由 178pC/N 增大至 209pC/N。戊酸浓度对静水压压电应变常数 d_h 的影响规律则有所不同，当孔隙率由 45.3% 增大至 75.0%，静水压压电应变常数 d_h 由 179pC/N 增大至 212pC/N，而当孔隙率继续增大至 76.3% 时，由于孔壁上出现了大量的窗口，多孔 PZT 陶瓷由 3-0 型向 3-3 型转变，导致静水压压电应变常数 d_h 降至 200pC/N。

图 2-23 所示为多孔 PZT 陶瓷的孔隙率对静水压品质因数 HFOM 值的影响。静水压品质因数 HFOM 值随着孔隙率的增大而显著增高，最大值达到了 19520×10^{-15}Pa^{-1}。但是，高的静水压品质因数 HFOM 值是在牺牲了材料的相对介电常数 ε_r 前提下获取的。根据电容计算公式：

$$C = \varepsilon_r \varepsilon_0 \frac{s}{h} \tag{2-9}$$

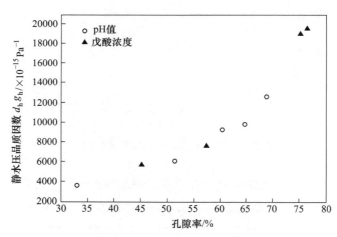

图 2-23　孔隙率对静水压品质因数的影响

材料的电容正比于其相对介电常数 ε_r，与器件的稳定性息息相关。当多孔 PZT 陶瓷获取高的孔隙率时，可以通过降低相对介电常数 ε_r 的方式达到提高灵敏度的目标，但是过低的相对介电常数 ε_r 使器件的稳定性也显著降低。因此，为了提高保证材料在使用时提供优异的性能，需要从多方面考虑其使用环境，对材料的结构进行控制和优化。

2.3.4　声阻抗

多孔 PZT 陶瓷的声阻抗与孔隙率的关系如图 2-24 所示。随着孔隙率的增大，多孔 PZT 陶瓷内部引入了更多的空气相，声阻抗由 6.53×10^6kg/(m^2·s) 线性下降至 1.35×10^6kg/(m^2·s)，与水（约 1.5×10^6kg/(m^2·s)）和生物体（1×10^6~

2×10^6 kg/（$m^2\cdot s$）的声阻抗相近，有利于改善材料的声学匹配性能，促进其在医用超声换能器领域的应用。同时，与压电系数的变化规律不同，多孔 PZT 陶瓷的声阻抗与孔隙率基本上是线性变化的关系，说明在孔隙率增大过程中，多孔 PZT 陶瓷由 3-0 型转变为 3-3 型，但是孔结构的变化对声阻抗的影响可以忽略不计。

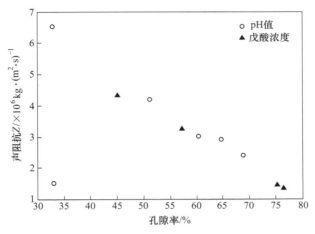

图 2-24　孔隙率对声阻抗的影响

2.4　烧结行为对材料的影响

对于任何的陶瓷制备过程来说，烧结行为都是控制样品显微结构、晶粒尺寸及强度等的重要工艺，合适的烧结温度可以使多孔陶瓷同时具有较高的孔隙率和较好的力学性能。当烧结温度过高时，样品的玻璃化程度较高，使得气孔黏结而聚集在一起，导致样品的孔隙率降低；当烧结温度过低时，样品的强度较低，容易出现掉粉现象，甚至使样品产生缺陷而开裂，严重影响多孔陶瓷的使用寿命。

本节配制了固含量（体积分数）为 15%，戊酸浓度 0.05mol/L，pH 值为 5 的浆料。浆料经固化，干燥后，分别在 1150℃、1175℃、1200℃、1225℃ 和 1250℃保温 2h。

2.4.1　烧结制度与物相分析

在高温烧结过程中，陶瓷坯体中的有机物热燃烧分解，生成大量的气体，如果气体的生成和排除不能保持动态的平衡，就会在陶瓷坯体内形成内压，使孔隙结构变形，甚至出现裂纹。因此，为保证坯体内有机物完全分解并防止在烧结过程出现缺陷，应制定合理的烧结制度。

对坯体采用差热分析法（DTA，differential thermal analysis）和热解重量分析

法（TGA，thermo gravimetric analysis）进行测试，如图 2-25 所示。通过这两项测试，确定在烧结过程中有机物烧失开始、剧烈，以及结束的温度点或区间，合理确定烧结制度，保证制得完整无开裂的多孔 PZT 陶瓷。

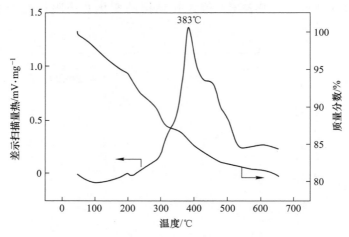

图 2-25　坯体 TG/DTA 热分析曲线

图 2-25 所示为陶瓷坯体的 TG/DTA 曲线。由图可知，在 100~200℃之间的吸热峰宽泛，并且伴随有坯体质量的减小，这是由于坯体内结晶水的蒸发，同时高分子有机物开始分解。随着温度的升高，在 383℃处有一个明显的放热峰，有机物发生了氧化分解反应，放出大量的热量，同时生成大量的气体，因此需缓慢升温，以利于气体的排出。陶瓷坯体在加热过程中则持续失重，直至升温过程结束。

根据热重分析和差热分析，结合实验，可以制定出相应的烧结制度，如图 2-26 所示。从图中可以看出，首先以 0.5℃/min 的速度将坯体加热至120℃并保温 1h，可以完全去除陶瓷坯体内的结晶水；之后以 1℃/min 的速度将坯体加热至 500℃，再保温 3h，以保证有机物完全烧失；最后，坯体以较快的速度（1.5℃/min）升温至烧结温度，保温 2h，制得多孔 PZT 陶瓷。由于铅在高温下容易挥发，在高温烧结时需要将坩埚盖盖，并且在坩埚中撒入少量的 PZT 粉体，以保证铅的富余环境，在一定程度上抑制铅挥发，保证多孔 PZT 陶瓷的组成和性能。烧结结束后，坯体随炉冷却至室温取出，制样并检测相关性能。

图 2-27 所示为 1150℃烧结多孔 PZT 陶瓷的 XRD 图谱。如图所示，多孔 PZT 陶瓷为典型的钙钛矿结构，没有其余的杂相出现。因此，本书中采用的烧结制度都是合理的。

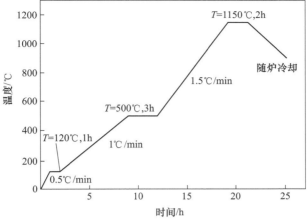

图 2-26 多孔 PZT 陶瓷的烧结制度

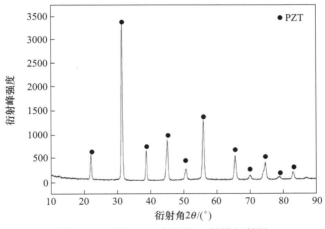

图 2-27 多孔 PZT 陶瓷的 X 射线衍射图

2.4.2 孔隙率和显微形貌

图 2-28 所示为多孔 PZT 陶瓷的密度和孔隙率随烧结温度的变化。当烧结温度从 1150℃上升到 1250℃时，多孔 PZT 陶瓷的密度由 2.38g/cm³ 提高到 4.67g/cm³，而孔隙率则相应地由 68.7%下降到 38.58%。这主要是由于烧结的过程中表面能减少，颗粒之间相互靠近，并向孔隙部位填充，使气孔所占的体积逐渐减小，孔壁结构趋于致密，通常情况下，提高烧结温度，会导致小孔闭合，大孔尺寸收缩，材料的开口气孔在总气孔中的比例将趋于下降。

图 2-29 所示为多孔 PZT 陶瓷显微形貌随烧结温度的变化。随着烧结温度升

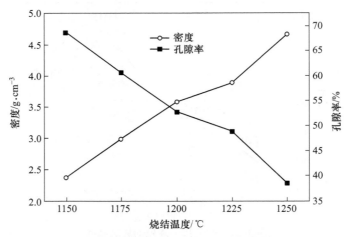

图 2-28   烧结温度对密度和孔隙率的影响

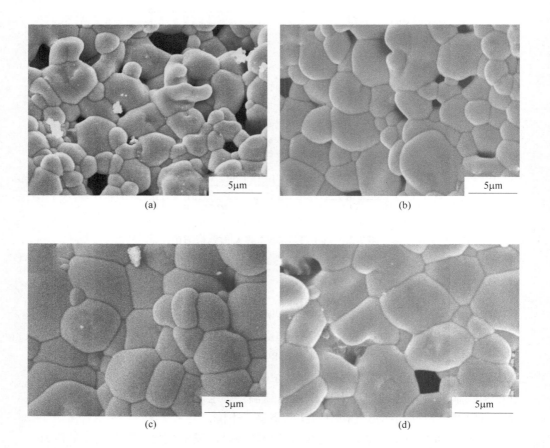

(e)

图 2-29 3-3 型 PZT 陶瓷的显微形貌

(a) 1150℃；(b) 1175℃；(c) 1200℃；(d) 1225℃；(e) 1250℃

高，晶粒的间隙逐渐消失，多孔 PZT 陶瓷孔隙率下降，收缩率增大，并由 3-3 型
向 3-0 型转变；小的晶粒消失，大晶粒长大，晶粒的平均尺寸则由 1.25μm 增大
到 5.93μm。

2.4.3 介电性能

图 2-30 所示为多孔 PZT 陶瓷的相对介电常数 ε_r 随烧结温度的变化。由图可
知，多孔 PZT 陶瓷的相对介电常数 ε_r 随着测试频率的提高而降低，属于典型的
铁电材料特征。当烧结温度提高时，由于陶瓷坯体的密度随之提高，压电陶瓷内
低介电性的空气相被逐渐排出，因此多孔 PZT 陶瓷的相对介电常数 ε_r 明显增大。
此外，在测试频率为 1kHz 下测得的多孔 PZT 陶瓷相对介电常数在 390~952 之
间，远高于之前试验中改变固含量和浆料组成时具有类似孔隙率的样品相对介电

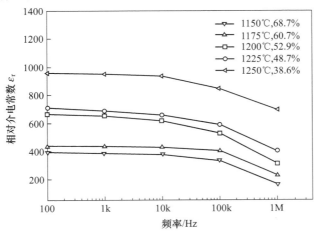

图 2-30 烧结温度对相对介电常数的影响

常数。由此可以推断，多孔 PZT 陶瓷的相对介电常数不仅受到孔隙率的影响，晶粒尺寸的影响也不可忽视。当晶粒尺寸增大时，晶界的数量减小，晶界绝缘层厚度减小，使极化粒子受缺陷的相互作用相应减弱，产生松弛时需要克服的势垒下降，材料的结晶越完整，由低到高相对介电常数的转变速度越快。所以提高烧结温度，能够获得更高的相对介电常数。

2.4.4   压电性能

图 2-31 所示为烧结温度对多孔 PZT 陶瓷的纵向压电应变常数 d_{33} 和横向压电应变常数 d_{31} 的影响。由图可知，纵向压电应变常数 d_{33} 和横向压电应变常数 d_{31} 随烧结温度升高均呈线性增大的趋势。当烧结温度为 1250℃ 时，纵向压电应变常数 d_{33} 达到了 498pC/N，横向压电应变常数 d_{31} 则达到了 164pC/N，接近致密 PZT 陶瓷。首先，随着烧结温度的升高，多孔 PZT 陶瓷的密度增大，则坯体内具有压电效应的陶瓷相含量增多，导致压电应变常数增大。然后，根据 Okazaki 的空间电荷场理论，空间电荷多为晶格空位或杂质原子，在自发极化产生的电场作用下，空间电荷一般存于晶界或者畴壁附近。当多孔陶瓷极化时，外电场对空间电荷层产生的作用力与其对电畴产生的力相反，因而阻碍电畴转动，降低极化效率。当烧结温度升高，多孔 PZT 陶瓷的晶粒尺寸增大时，空间电荷层减小，对畴壁的限制减小，所以压电应变常数增大。从图中还可看出，随烧结温度升高，横向压电应变常数 d_{31} 的增大速度要高于纵向压电应变常数 d_{33}，而由于横向压电应变常数 d_{31} 和纵向压电应变常数 d_{33} 符号相反，静水压压电应变常数 $d_h(d_h = d_{33} + 2d_{31})$ 随烧结温度呈减小的趋势。

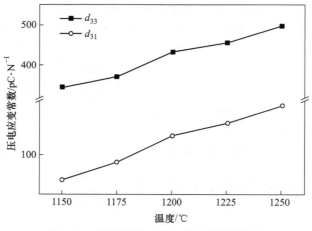

图 2-31   烧结温度对压电应变常数的影响

图 2-32 所示为烧结温度对静水压压电电压常数 g_h 的影响。随烧结温度的升

高，相对介电常数 ε_r 增大，而静水压压电应变常数 d_h 降低，两者的共同作用导致静水压压电电压常数 g_h 由 $60.5 \times 10^{-3} \text{V} \cdot \text{m/N}$ 降至 $20.2 \times 10^{-3} \text{V} \cdot \text{m/N}$。

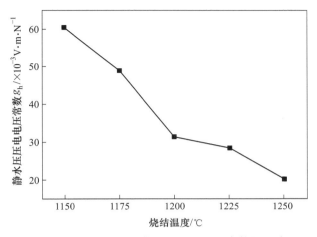

图 2-32　烧结温度对静水压压电电压常数的影响

图 2-33 所示为烧结温度对静水压品质因数 HFOM 的影响。随烧结温度的升高，静水压品质因数 HFOM 由 $12633 \times 10^{-15} \text{Pa}^{-1}$ 降至 $3427 \times 10^{-15} \text{Pa}^{-1}$。该结果出现原因有以下两点：（1）当烧结温度升高时，在孔隙率减小和晶粒尺寸增大的共同作用下，横向压电应变常数 d_{31} 的增大速度高于纵向压电应变常数 d_{33}，由于两者的符号相反，因此静水压压电应变常数 d_h 的值随之减小。可以推断，在实验中，晶粒尺寸对压电系数的影响要高于孔隙率。（2）静水压压电电压常数 g_h 的减小导致静水压品质因数 HFOM 值降低。在两个因素的共同作用下，实验中静水压品质因数 HFOM 值的变化规律为随烧结温度更高而降低。

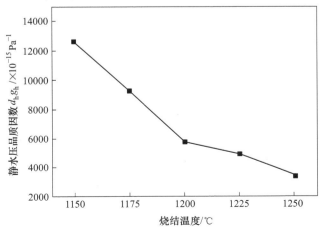

图 2-33　烧结温度对静水压品质因数的影响

参 考 文 献

[1] Gonzenbach U T, Studart A R, Tervoort E, et al. Ultrastable particle-stabilized foams [J]. Angewandte Chemie-International Edition. 2006, 45 (21): 3526-3530.

[2] 周祖康, 顾惕人, 马季铭. 胶体化学 [M]. 北京: 北京大学出版社, 1991.

[3] Gonzenbach U T, Studart A R, Tervoort E, et al. Macroporous ceramics from particle-stabilized wet foams [J]. Journal of the American Ceramic Society, 2007, 90 (1): 16-22.

[4] Yu J L, Yang J L, Li H X, et al. Study on particle-stabilized Si_3N_4 ceramic foams [J]. Materials Letters, 2011, 65 (12): 1801-1804.

[5] 杨栋华, 邵慧萍, 郭志猛, 等. 凝胶注模工艺制备医用多孔 Ti-Co 合金的性能 [J]. 稀有金属材料与工程. 2011, 40 (10): 1822-1826.

[6] 金晓. 氧化铝陶瓷凝胶注模成型工艺中固化应力的测试与表征 [D]. 太原: 中北大学, 2011.

[7] 李飞舟. 两种分散剂交互作用 Al_2O_3 悬浮液稳定性的研究 [J]. 新技术新工艺, 2009, (9): 83-87.

[8] 张晓峰, 李海林, 吴东棣. 稳定的 α-Al_2O_3 注浆料的制备 [J]. 硅酸盐通报, 1996 (4): 33-36.

3   3-1型多孔压电陶瓷材料

3.1   海藻酸钠离子凝胶法制备多孔压电陶瓷

3.1.1   实验原理

海藻酸钠（sodium alginate，简写为 Na-Alg）是一种从海洋藻类植物（海带、马尾藻、巨藻等）中提取、分离精制而成的多糖类化合物，属于天然高分子，是一种绿色环保材料。它有两种基本结构单元，即 α-L-古罗糖醛酸（guluronate acid，G）和 β-D-甘露糖醛酸（mannuronate acid，M）组成，两种基本单元分别组成 GG 和 MM 的均聚物，以及 GM 交替聚合物，两种链段具有不同的空间结构，其结构式分别如图 3-1 所示。

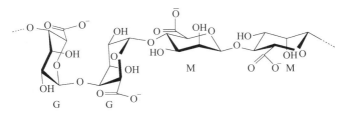

图 3-1   海藻酸钠结构式示意图

海藻酸钠与金属阳离子反应可以形成海藻酸盐凝胶，特别是海藻酸钠结构单元的 GG 段与 Ca^{2+} 反应可以形成配位结构，两个羧基氧、一个糖苷键氧和一个羟基氧参与了配位，形成如图 3-2 所示的"蛋盒"结构。

根据此现象，H. Thiele 等人[1]在 1967 年报道了利用海藻酸钠离子凝胶反应（ionotropic gelation）制备管状孔道结构的凝胶：将高价阳离子溶液（如 Me^{2+}）喷覆到海藻酸钠溶液表面，阳离子与海藻酸根反应形成一层薄膜，称为初始薄膜。这层膜是一种选择透过性膜，只允许阳离子透过，而不允许其他离子透过。当阳离子透过初始薄膜向浆料内部渗透时，发生了海藻酸钠离子凝胶反应，反应方程式为：

$$Me^{2+} + 2Na\text{-}Alg \longrightarrow Me\text{-}Alg_2 + 2Na^+ \tag{3-1}$$

海藻酸钠高分子链在金属阳离子的作用下凝结在一起，形成"蛋盒"状结构，宏观表现为凝胶体积收缩。由于透过初始薄膜向下渗透的金属阳离子分布均

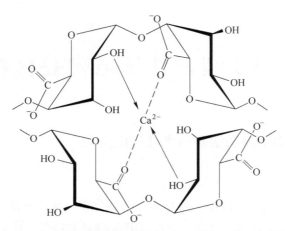

图 3-2　海藻酸钠与金属阳离子反应形成的"蛋盒"结构

匀，所以离子凝胶反应发生后形成分布均匀且形状大小一致的孔结构。凝胶形成后，多余的水分释放出来，充满孔道。随着阳离子在水中的进一步渗透扩散，在渗透方向上形成均匀的管状孔道结构。

　　近些年来，国内外研究人员利用海藻酸钠离子凝胶反应成型蜂窝陶瓷，如羟基磷灰石蜂窝陶瓷[2-4]、氧化铝蜂窝陶瓷[5-8]等；将陶瓷粉体与海藻酸钠溶液配制成悬浮性好的浆料，在海藻酸钠发生离子凝胶反应的同时，水被释放到孔道管腔中，而一部分固相颗粒随着海藻酸钠反应进入凝胶骨架，另一部分沉积在孔道内壁，形成具有管状孔道结构的蜂窝陶瓷坯体。反应原理示意图如图 3-3 所示。

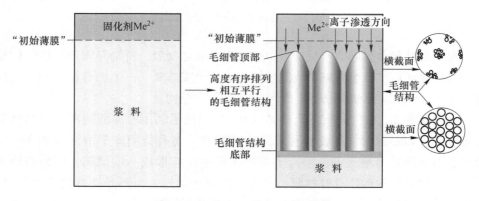

图 3-3　海藻酸钠离子凝胶反应制备蜂窝陶瓷

　　陶瓷湿坯经干燥、烧结后，得到孔径在 $50\sim200\mu m$ 之间的蜂窝陶瓷（见图3-4），并具有高度有序且互相平行的孔道结构，可以应用于催化剂载体，可逆流动过滤器，人体组织工程支架材料等领域中。

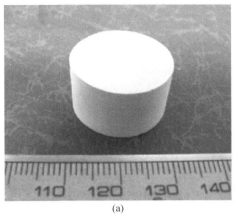
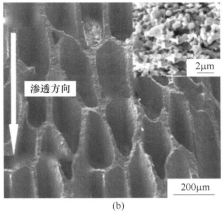

(a)   (b)

图 3-4　海藻酸钠离子凝胶反应制得蜂窝氧化铝陶瓷[8]

（a）蜂窝氧化铝陶瓷宏观形貌；（b）蜂窝氧化铝陶瓷微观形貌

3.1.2　工艺路线

采用海藻酸钠离子凝胶反应制备 3-1 型多孔 PZT 陶瓷，工艺路线如图 3-5 所示。

（1）将 PZT 陶瓷粉体，分散剂及海藻酸钠预混液混合球磨 6h（转速为 800r/min），得到分散均匀的陶瓷浆料。

（2）陶瓷浆料真空除泡后倒入模具，并采用喷雾装置在浆料表面均匀喷覆含有二价阳离子的溶液，形成初始薄膜。再将剩余阳离子溶液倒入模具并静置 36h，发生离子凝胶反应，形成蜂窝状结构的 PZT 陶瓷坯体。

（3）将多孔陶瓷坯体在弱酸性溶液中浸泡，去除凝胶网络中的阳离子，防止杂质离子在烧结过程中进入 PZT 晶相，使压电陶瓷性能降低。

（4）将陶瓷湿坯干燥，并在富铅的环境中高温烧结，制得 3-1 型 PZT 陶瓷。

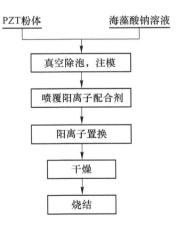

图 3-5　海藻酸钠离子凝胶反应制备 3-1 型 PZT 陶瓷

3.1.3　工艺参数优化

3.1.3.1　阳离子的选择

根据研究，二价的阳离子，如 Pb^{2+}、Cu^{2+}、Ca^{2+}、Sr^{2+} 均可与海藻酸钠反应

生成凝胶。因此，在前期工作中首先需要做的是选择合适的二价阳离子，以期形成具有定向通孔结构的蜂窝陶瓷坯体。

配制固含量（质量分数）为 10%，海藻酸钠浓度（质量分数）为 2%的 PZT 陶瓷浆料，在浆料表面喷覆浓度为 1mol/L 的阳离子溶液，阳离子选择分别是 Cu^{2+}、Sr^{2+}、Ca^{2+} 和 Pb^{2+}。

图 3-6 所示为阳离子溶液分别在开始渗透和渗透 36h 结束后浆料状态的变化。从图中可以看出，四种阳离子均可以在陶瓷浆料的表面形成稳定的选择性透过膜，确保阳离子可以向下稳定的渗透。但是，浆料静置 36h 后，Cu^{2+} 和 Pb^{2+} 渗透得到的坯体出现不规则收缩，导致透过膜塌陷；Sr^{2+} 和 Ca^{2+} 的渗透则保持坯体完好无变形。

图 3-6 不同阳离子渗透时状态的变化

A—Cu^{2+}；B—Sr^{2+}；C—Ca^{2+}；D—Pb^{2+}

图 3-7 所示为坯体脱模后，切去底部所得的宏观形貌。如图所示，Cu^{2+} 和 Pb^{2+} 渗透的坯体基本看不到任何的孔隙，说明 Cu^{2+} 和 Pb^{2+} 并没有在渗透过程中逐步与浆料接触而反应，推测是离子凝胶反应初期，即出现渗透膜塌陷的情况，Cu^{2+} 和 Pb^{2+} 沿烧杯壁和渗透膜的间隙流入浆料中快速的反应，导致坯体无孔道形成。Sr^{2+} 和 Ca^{2+} 渗透得到坯体有明显的孔道形成，其中 Ca^{2+} 反应得到的坯体孔道分布更均匀。因此，本书选择 Ca^{2+} 和 Sr^{2+} 作为海藻酸钠离子凝胶反应中的固化剂。

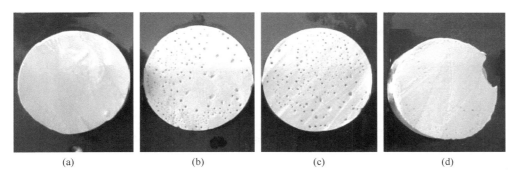

图 3-7 不同阳离子固化后坯体成孔的效果

(a) Cu^{2+}；(b) Sr^{2+}；(c) Ca^{2+}；(d) Pb^{2+}

3.1.3.2 阳离子的置换

由于在海藻酸钠离子凝胶过程中引入了 Ca^{2+}，为了防止 Ca^{2+} 在后续的烧结过程中形成 CaO 进入 PZT 晶相，造成 PZT 陶瓷纯度和性能的下降，需要将蜂窝陶瓷湿坯浸泡于弱酸性溶液中，完全置换出凝胶网络中的 Ca^{2+}，反应式如下：

$$2H^+ + Ca\text{-}Alg_2 \longrightarrow 2H\text{-}Alg + Ca^{2+} \tag{3-2}$$

反应得到不溶于水的海藻酸凝胶（H-Alg），蜂窝陶瓷湿坯则均匀收缩。

本实验配制固含量（质量分数）为 10%，海藻酸钠浓度（质量分数）为 2% 的 PZT 陶瓷浆料，在浆料表面喷覆浓度为 1mol/L 的 $CaCl_2$ 溶液。再将剩余阳离子溶液倒入模具并静置 36h，发生离子凝胶反应，形成蜂窝状结构的 PZT 陶瓷坯体。将陶瓷湿坯脱模，选择四种方式浸泡湿坯，并检测其性能。

图 3-8 所示为样品中 CaO 的含量，样品在浓度为 1mol/L 的葡萄糖酸内酯溶液中浸泡 24h（方式 A）后，CaO 含量最高，达到了 2.02%。方式 B 将湿坯在 1mol/L 的葡萄糖酸内酯溶液中的浸泡时间延长 24h，烧结后样品内 CaO 含量较方式 A 降低了 60%，这是因为葡萄糖酸内酯溶液在放置过程中会缓慢水解出葡萄糖酸，延长浸泡时间使得葡萄糖酸内酯溶液水解更加充分，增强了去除 Ca^{2+} 能力。方式 C 将湿坯在 1mol/L 葡萄糖酸内酯溶液和 1mol/L HCl 溶液中依次各浸泡 24h 后，烧结后的样品内 CaO 残留量（质量分数）为 0.62%，较方式 B 降低了

22.5%，显然酸性更强的 HCl 可以更充分地置换出湿坯内的 Ca^{2+}。将坯体在 1mol/L HCl 溶液中浸泡 48h（方式 D），CaO 含量（质量分数）最少，仅为 0.28%。因此，随着溶液酸性的增强和浸泡时间的延长，样品内 CaO 的含量逐渐减少。

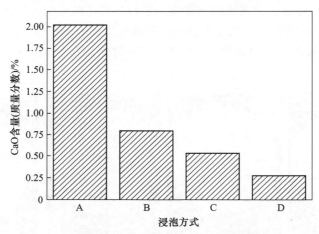

图 3-8　不同浸泡方式对样品内氧化物含量的影响
A—葡萄糖酸内酯溶液浸泡 24h；B—葡萄糖酸内酯溶液浸泡 48h；
C—葡萄糖酸内酯溶液浸泡 24h+1mol/L HCl 浸泡 24h；D—1mol/L HCl 浸泡 48h

　　图 3-9 所示为不同浸泡方式对样品纵向压电应变常数 d_{33} 的影响。随着浸泡时间的延长及溶液酸性的增强，多孔陶瓷掺杂 CaO 的含量逐渐降低，纵向压电应变常数 d_{33} 则出现了先增大后减小的趋势。在烧结过程中，Ca^{2+} 渗透进入 PZT 基体晶格内，改变了基体的晶界能和表面能，虽然加入量极少，却导致晶粒尺寸和晶界的细化[9]。根据空间电荷理论，晶粒尺寸的减小对压电应变常数的影响很大：当多孔 PZT 陶瓷极化时，外电场对空间电荷层产生的作用力与其对电畴产生的力相反，因而阻碍畴壁的转动，降低极化效率。晶粒减小时，空间电荷层会增加，使畴壁更加难以转动。因此，随 CaO 含量的增多，纵向压电应变常数 d_{33} 会有减小的趋势，反之亦然。

　　方式 D 所制备的样品 CaO 含量虽然最低，纵向压电应变常数 d_{33} 却出现了一定程度的下降。显然，酸性溶液在去除 Ca^{2+} 的同时充当了 PZT 陶瓷的蚀刻剂[10]：PZT 在 HCl 溶液中长时间浸泡时，其氧化物组分 PbO、ZrO_2 及 TiO_2 会有一定的溶解，从而导致多孔 PZT 陶瓷的化学成分被改变，以及压电性能的降低。

　　因此，本书选择的浸泡方式为陶瓷湿坯在 1mol/L 葡萄糖酸内酯溶液和 1mol/L HCl 溶液中依次各浸泡 24h。

　　3.1.3.3　干燥方式选择
　　干燥是陶瓷胶态成型工艺中在坯体固化之后、烧结之前必须经过的一个重要

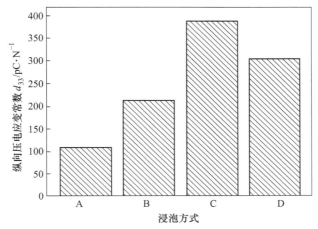

图 3-9 浸泡方式对纵向压电应变常数的影响
A—葡萄糖酸内酯溶液浸泡 24h；B—葡萄糖酸内酯溶液浸泡 48h；
C—葡萄糖酸内酯溶液浸泡 24h+1 mol/L HCl 浸泡 24h；D—1mol/L HCl 浸泡 48h

过程，占湿坯 1/5~4/5 重量的水分要通过干燥过程排出，同时伴随着坯体体积的收缩，从而成为坯体产生内应力的重要阶段。内应力在后续工艺环节中得到继承和加强，进而在一定条件下转化为样品的开裂，严重地影响材料的稳定性和制备工艺的可靠性。

本实验配制固含量（质量分数）为 10%，海藻酸钠浓度（质量分数）为 2% 的 PZT 陶瓷浆料，在浆料表面喷覆浓度为 1mol/L 的 $CaCl_2$ 溶液。待浆料固化并置换阳离子后，选择以下 3 种方式进行湿坯干燥：

（1）室温空气中干燥：将坯体直接置于空气中干燥，直到坯体停止收缩为止。这种干燥方法最简便。

（2）冷冻干燥：将湿坯置于低温低压下，使溶剂升华得到干燥坯体的方法。采用此方法干燥得到的坯体收缩最小，但是在后续烧结过程中面临着较大的收缩。

（3）溶剂置换+空气中干燥：为了降低坯体内溶剂的表面张力，先将坯体浸泡在无水乙醇中，置换坯体内的水；然后将坯体取出，置于室温空气中干燥。

图 3-10 所示为采用三种方式干燥的样品。由图可知，样品在室温空气中干燥后收缩明显，并在表面出现了微裂纹。经冷冻干燥后的样品则完整无开裂，且收缩最小。坯体经溶剂置换并干燥后，也可以保持形貌完好无裂纹，但是收缩率要高于冷冻干燥的样品。

将干燥好的样品在 1150℃下保温 2h，制得 3-1 型 PZT 陶瓷。如图 3-11 所示，

图 3-10　不同干燥方式下坯体的收缩
（a）室温空气中干燥；（b）溶剂置换+空气中干燥；（c）冷冻干燥

由于陶瓷浆料的原始固含量相同，烧结后坯体的尺寸基本一致。坯体经室温空气中干燥后产生的裂纹，在烧结过程中被保留，样品有开裂现象；经过冷冻干燥的样品在干燥过程中尽管能保持坯体完整不开裂，但是由于在烧结过程中收缩量过大，同样出现了开裂现象；溶剂置换干燥的样品在干燥和烧结两个阶段均保持一定量的均匀收缩，最后得到完整无开裂的样品。因此，干燥方式选择无水乙醇置换溶剂与室温下自然干燥相结合。

图 3-11　不同干燥方式下的烧结体
（a）室温空气中干燥；（b）溶剂置换+空气中干燥；（c）冷冻干燥

3.2　浆料固含量对 3-1 型压电陶瓷的影响

本节制备了固相含量（质量分数）分别为 5%、10%、15%、20% 和 25%，海藻酸钠溶液浓度（质量分数）为 2% 的 PZT 陶瓷浆料，Ca²⁺ 浓度为 1mol/L，烧结温度 1150℃。

3.2.1　浆料黏度分析

图 3-12 所示为浆料固含量对黏度的影响。首先，浆料的黏度随剪切速率的增加而降低，呈现剪切变稀特性。其次，随着固含量的增大，浆料黏度不断升高。浆料在球磨的过程中，粉料由于充分分散，其颗粒表面吸附了很多有机高分子或液体分子，当固含量增加时，被吸附的液体总量也增加，能自由活动的液体分子相对变少，同时浆料中颗粒间的距离变小，吸附在颗粒表面的有机物链互相搭接，使得颗粒间移动困难，浆料的黏度增大。

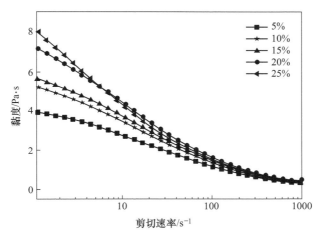

图 3-12　浆料固含量（质量分数）对黏度的影响

3.2.2　成分与物相分析

表 3-1 所列为 PZT 粉料和烧结体的化学组成。相比于 PZT 粉体，烧结体的主要成分（PbO、TiO_2、ZrO_2 和 NbO）并没有出现明显的变化。但是，由于海藻酸钠离子凝胶工艺中引入 Ca^{2+} 成型的特殊性，陶瓷湿坯尽管经过了置换钙离子的处理，还是留有残余的 Ca^{2+}，并在后续工艺中形成了 CaO 的掺杂。

表 3-1　**PZT 陶瓷粉体和烧结体化学组成**（质量分数）　　　（%）

成　分	PbO	ZrO_2	TiO_2	NbO	SrO	MgO	CaO	剩余
PZT 粉末	65.71	15.84	12.04	3.37	2.30	0.51	—	0.23
PZT 陶瓷	64.68	16.10	12.24	3.43	2.31	0.51	0.54	0.19

图 3-13 所示为 1150℃下烧结的 3-1 型 PZT 陶瓷 X 射线衍射图。由图可知，3-1 型 PZT 陶瓷为典型的钙钛矿结构，而 CaO 杂质由于含量过低，在检测图谱中

没有体现。因此，本书采用的工艺方法是合理的。

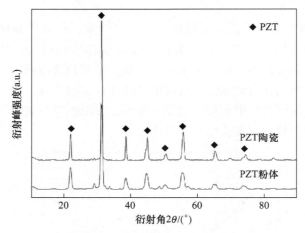

图 3-13 PZT 粉体与 3-1 型 PZT 陶瓷的 X 射线衍射图

3.2.3 孔隙率和显微形貌

图 3-14 所示为固含量对 3-1 型 PZT 陶瓷的密度和孔隙率的影响。随着固含量（质量分数）由 5% 增大至 25%，3-1 型 PZT 陶瓷的密度由 2.99g/cm³ 增至 4.80g/cm³，孔隙率由 60.6% 降至 36.9%，其孔隙率的变化范围要略窄于之前采用直接发泡法制得的多孔 PZT 陶瓷。

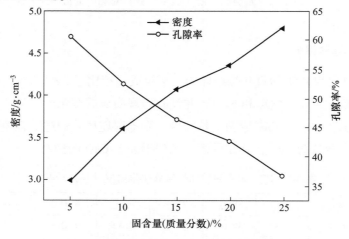

图 3-14 固含量对密度和孔隙率的影响

图 3-15 所示为 3-1 型 PZT 陶瓷横截面的显微形貌。从图中可以看出，当浆料的固含量（质量分数）为 5% 时，多孔陶瓷的孔径为 109μm，孔径分布均匀。但

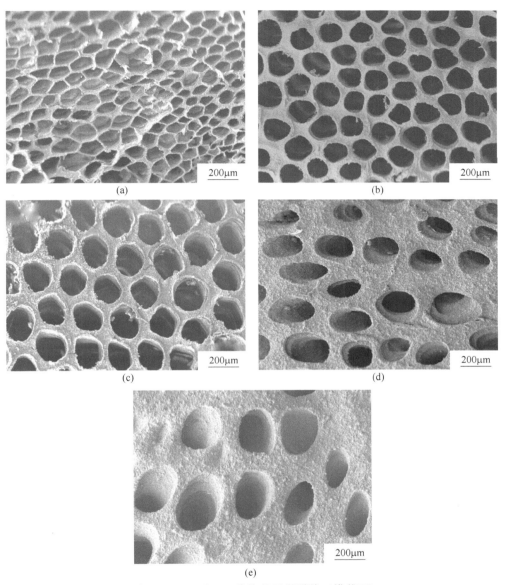

图 3-15　3-1 型 PZT 陶瓷的显微形貌（横截面）
（a）5%；（b）10%；（c）15%；（d）20%；（e）25%

是，由于浆料中 PZT 陶瓷粉体的数量过少，陶瓷湿坯的强度有所欠缺，在后续的干燥、烧结工艺中发生不均匀收缩，孔隙的形状发生变化。当陶瓷浆料的固含量（质量分数）升至 10%时，多孔 PZT 陶瓷的平均孔径为 165μm，样品孔隙形状基本保持一致，孔壁厚度则随着固含量升高而有所增加。固含量（质量分数）为 15%的陶瓷坯体变化不大，只是孔径增至 217μm，孔壁厚度继续增大。最后，当浆料的固含量（质量分数）继续上升至20%～25%，由于浆料黏度明显增大，Ca^{2+}在浆料内部向下渗透时遇到了更多的阻力，多孔陶瓷的孔隙开始变形，孔径平均尺寸增至303μm，并且孔径分布不均，孔壁的厚度也有了显著的增大，制得的3-1型陶瓷质量下降。

图3-16所示为3-1型PZT陶瓷纵截面的显微形貌。从图中可以看出，沿3-1型PZT陶瓷的纵截面方向形成了孔径尺寸分布均匀的定向通孔，孔与孔之间的分

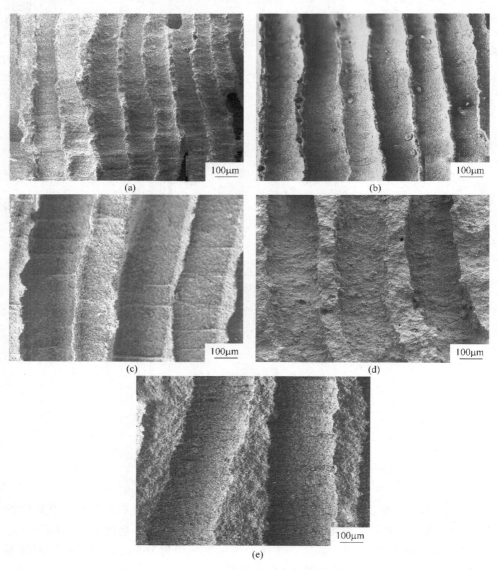

图3-16 3-1型PZT陶瓷的显微形貌（纵截面）
(a) 5%；(b) 10%；(c) 15%；(d) 20%；(e) 25%

隔明显，且孔壁密实无缺陷，对材料沿孔道渗透方向抗压强度的提高起到了很好的作用，相比于采用定向冷冻干燥工艺制备的 3-1 型 PZT 陶瓷，采用海藻酸钠离子凝胶反应法制得的 3-1 型 PZT 压电陶瓷更符合蜂窝陶瓷的结构特征。除此之外，定向通孔孔径尺寸的变化趋势与横截面基本一致，均随着固含量的增大而增大，孔壁的厚度也由几微米增至几十微米。

3.2.4 介电性能

图 3-17 所示为孔隙率对 PZT 陶瓷相对介电常数 ε_r 的影响，测试频率为 1kHz。从图中可以看出，随着孔隙率的增大，3-1 型 PZT 陶瓷的相对介电常数 ε_r 由 1567 线性下降至 762。此外，根据 3-1 型 PZT 陶瓷的结构特点，蜂窝陶瓷的气孔和气孔之间没有联通，可以采用并联模型对相对介电常数进行理论计算，计算公式如下：

$$\varepsilon_r = v_1\varepsilon_1 + (1 - v_1)\varepsilon_2 \tag{3-3}$$

式中，ε_r、ε_1 和 ε_2 分别代表多孔 PZT 陶瓷、致密 PZT 陶瓷和空气的相对介电常数；v_1 代表多孔 PZT 陶瓷致密度。

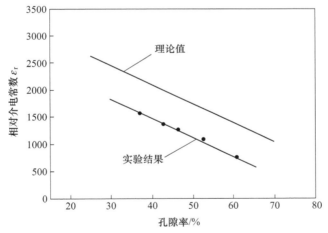

图 3-17 孔隙率对相对介电常数的影响

如图 3-17 所示，3-1 型 PZT 陶瓷的相对介电常数明显低于理论计算值，推测是由于制备工艺中引入的 CaO 杂质所致。Ca^{2+} 的半径是 0.099nm，Pb^{2+} 的半径是 0.119nm，由于 Ca^{2+} 的半径比较小，一般情况下，当 Ca^{2+} 的掺杂量较少时，Ca^{2+} 掺入后会置换 Pb^{2+}，引起晶格畸变，在材料中出现离子间距较小的偶极子，这种偶极子随外电场的转动相对容易，可以增加畴壁的活动能力，导致相对介电常数增大。但是，当 Ca^{2+} 掺入量过大时，多余的 Ca^{2+} 进入了晶界，在晶格中产生带电空位，对铁电畴壁起到了钉扎的作用，电畴转向变得困难，引起相对介电常数下降[11]。显然，本书中，Ca^{2+}的掺杂量较多，对相对介电常数的影响属于后者。同时，掺杂的 Ca^{2+} 具有抑制 PZT 晶粒生长的作用，导致具有低相对介电常数的晶界大量出现，同样引起相对介电常数下降。

3.2.5　压电性能

图 3-18 所示为孔隙率对纵向压电应变常数 d_{33} 和横向压电应变常数 d_{31} 的影响。随着孔隙率的增大，纵向压电应变常数 d_{33} 由 461pC/N 降至 365pC/N，横向压电应变常数 d_{31} 则由 144pC/N 降至 70pC/N，均呈现下降的趋势。但是，当孔隙率低于 42.7% 时，纵向压电应变常数 d_{33} 的下降速度快于横向压电应变常数 d_{31}，可以推断静水压压电应变常数 d_h（$d_h = d_{33} + 2d_{31}$）也呈下降趋势；当孔隙率高于 42.7% 时，纵向压电应变常数 d_{33} 的下降速度低于横向压电应变常数 d_{31}，静水压压电应变常数 d_h 则随孔隙率升高而增大。

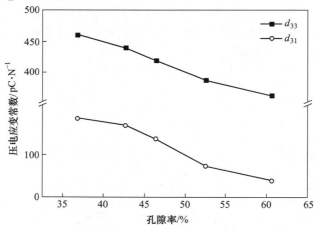

图 3-18　孔隙率对压电应变常数的影响

图 3-19 所示为孔隙率对静水压压电电压常数 g_h 的影响。尽管静水压压电应变常数 d_h 随孔隙率的升高先减小后增大，但是相对介电常数 ε_r 随孔隙率的增大而具有更快的下降趋势，两者的共同作用导致静水压压电电压常数 g_h 随孔隙率的增大由 12.5×10^{-3} V·m/N 升至 22.2×10^{-3} V·m/N。

图 3-20 所示为多孔 PZT 陶瓷的孔隙率对静水压品质因数 HFOM 的影响。从图中可以看出，多孔 PZT 陶瓷的静水压品质因数 HFOM 随着孔隙率的增大而显著增高，最大值达到了 7554×10^{-15} Pa^{-1}，比致密 PZT 材料（81×10^{-15} Pa^{-1}）提高了将近 100 倍，具有非常高的灵敏度，适用于水声传感器材料。但是，相比于直接发泡法制备泡沫 PZT 陶瓷，其静水压品质因数 HFOM 值还是有所降低。

当 PZT 陶瓷引入氧化物杂质时，一方面引起晶格畸变，使电畴的畴壁容易转

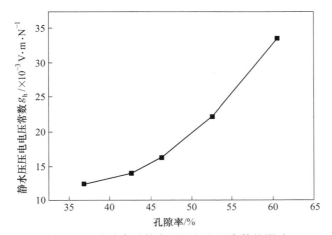

图 3-19 孔隙率对静水压压电电压常数的影响

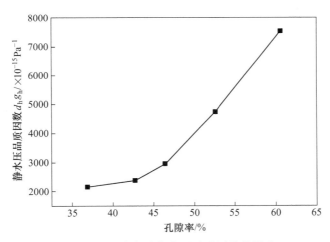

图 3-20 孔隙率对静水压品质因数的影响

动,提高多孔 PZT 陶瓷的压电性能,一方面氧化物杂质使多孔 PZT 陶瓷的晶粒减小,空间电荷层增加,使电畴的畴壁更加难以转动,导致多孔 PZT 陶瓷的纵向压电应变常数 d_{33} 降低。在矛盾双方的综合作用下,尽管 3-1 型 PZT 陶瓷的相对介电常数的值小于理论计算值,氧化物掺杂引起的晶粒尺寸减小对压电系数影响程度还是大于晶格畸变对相对介电常数的影响,所以 3-1 型 PZT 陶瓷的静水压品质因数 HFOM 值相对较低。

3.2.6 声阻抗

图 3-21 所示为孔隙率对声阻抗的影响。从中可以看出,随着孔隙率的增大,由于引入了空气相,声波在空气中的速度远低于其在 PZT 陶瓷相中的速度,声

阻抗几乎由 $5.54 \times 10^6 \mathrm{kg/(m^2 \cdot s)}$ 线性下降至 $2.49 \times 10^6 \mathrm{kg/(m^2 \cdot s)}$ ，与水（约 $1.5 \times 10^6 \mathrm{kg/(m^2 \cdot s)}$ ）或生物体（ $1 \times 10^6 \sim 2 \times 10^6 \mathrm{kg/(m^2 \cdot s)}$ ）的声阻抗相近，有利于减少陶瓷相和介质之间界面处的能量损失，改善声学匹配，促进其在医用超声换能器领域的应用。

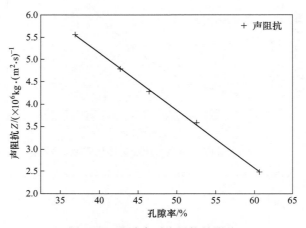

图 3-21　孔隙率对声阻抗的影响

3.2.7　力学性能

根据研究，在 PZT 陶瓷中掺杂氧化物，可以减小晶粒的平均尺寸，阻碍晶粒的异常长大，从而晶界增多，晶界面积增大，而且不规则的晶界阻碍裂纹的扩展，增强陶瓷材料的力学性能，可以起到增韧强化陶瓷材料的作用[12]。在本书中，由于蜂窝陶瓷自身结构的特殊性，烧结密实的孔壁可以显著提高材料的强度，结合氧化物掺杂的影响，沿孔隙方向的抗压强度很高。如图 3-22 所示，致密

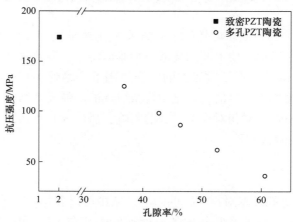

图 3-22　孔隙率对抗压强度的影响

PZT 陶瓷的抗压强度为 173MPa，当孔隙率从 36.9% 增至 60.6% 时，3-1 型 PZT 陶瓷的抗压强度由 125MPa 降至 36MPa，较致密 PZT 陶瓷下降了 27.7% 至 79.2%。

3.3 阳离子溶液浓度对材料的影响

3.3.1 CaCl₂ 溶液浓度对材料的影响

本节制备了固含量（质量分数）为 10%，海藻酸钠溶液浓度（质量分数）为 2% 的陶瓷浆料，阳离子溶液中 Ca^{2+} 的浓度分别为 0.5mol/L、1mol/L、1.5mol/L、2mol/L 和 2.5mol/L，坯体经 1mol/L 葡萄糖酸内酯溶液和 1mol/L HCl 溶液中依次各浸泡 24h 后，在 1150℃ 下烧结成瓷。

3.3.1.1 成分分析

表 3-2 所列为阳离子溶液浓度对 3-1 型 PZT 陶瓷化学组成的影响。可以看出，随着阳离子溶液浓度的提高，3-1 型 PZT 陶瓷主要化学组成（PbO、ZrO_2、TiO_2、NbO）基本不变，CaO 的含量（质量分数）从 0.18% 升至 1.49%。显然，在相同的阳离子置换工艺参数下，阳离子溶液的浓度越高，陶瓷坯体内残余的阳离子越多，CaO 的掺杂量越高。

表 3-2　不同阳离子浓度制备的 3-1 型 PZT 陶瓷化学组成（质量分数）　　　（%）

成　分	不同 Ca^{2+} 浓度				
	0.5mol/L	1mol/L	1.5mol/L	2mol/L	2.5mol/L
PbO	65.37	64.68	63.87	63.51	62.75
ZrO_2	15.93	16.10	16.27	16.36	16.54
TiO_2	12.11	12.24	12.37	12.44	12.58
NbO	3.39	3.43	3.47	3.48	3.52
SrO	2.31	2.31	2.37	2.38	2.41
MgO	0.51	0.51	0.53	0.53	0.53
CaO	0.18	0.54	0.91	1.10	1.49
剩余	0.20	0.19	0.21	0.20	0.18

图 3-23 所示为阳离子溶液浓度对 3-1 型 PZT 陶瓷的 CaO 掺杂量的影响。显然，CaO 的含量随着 Ca^{2+} 浓度的升高而显著增大。

3.3.1.2 孔隙率和显微形貌

图 3-24 所示为 Ca^{2+} 浓度对 3-1 型 PZT 压电陶瓷密度和孔隙率的影响。随着 Ca^{2+} 浓度的增大，3-1 型 PZT 压电陶瓷的密度由 3.38g/cm³ 升至 4.71g/cm³，孔隙率则由 55.5% 降至 38.0%。这是因为当 Ca^{2+} 浓度增大时，阳离子溶液中存在更

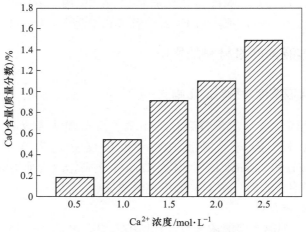

图 3-23　Ca²⁺ 浓度对 CaO 掺杂量的影响

多游离的 Ca²⁺ 与海藻酸钠发生离子凝胶反应，该反应的宏观表现为陶瓷湿坯体积的收缩。在一定的烧结温度下，Ca²⁺ 的浓度越大，陶瓷坯体体积收缩就越大，则 3-1 型 PZT 陶瓷的密度增大，孔隙率减小。

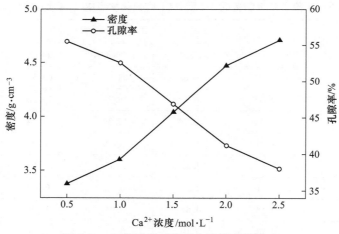

图 3-24　Ca²⁺ 浓度对密度和孔隙率的影响

　　图 3-25 所示为 Ca²⁺ 浓度对 3-1 型 PZT 陶瓷显微形貌的影响。如图所示，随着 Ca²⁺ 浓度的升高，陶瓷浆料单位体积内发生海藻酸钠离子凝胶反应的概率增大，可以形成数量更多的孔道，但是孔隙的形状开始变得不规则，同时，孔径的平均尺寸由 224μm 降至 87μm。因此，尽管孔道的数量随 Ca²⁺ 浓度的增大而增大，但是孔径的减小使蜂窝陶瓷孔壁的厚度也随 Ca²⁺ 浓度的升高而增大，宏观表现为单位面积内的孔隙面积降低，从而导致坯体的密度增大。

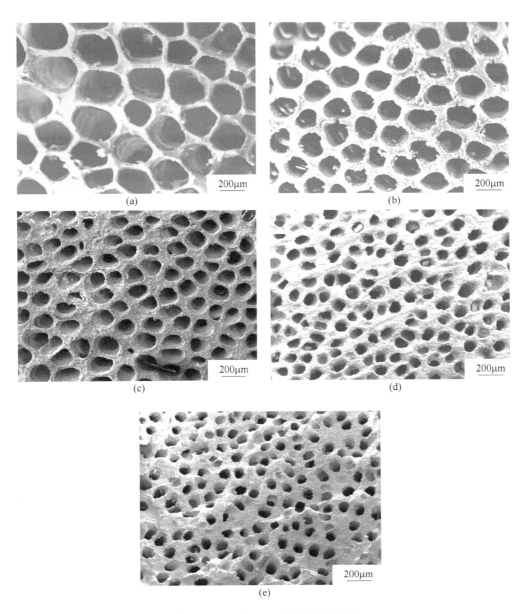

图 3-25 3-1 型 PZT 陶瓷的显微形貌

（a）0.5mol/L；（b）1mol/L；（c）1.5mol/L；（d）2mol/L；（e）2.5mol/L

图 3-26 所示为 Ca^{2+} 浓度对 3-1 型 PZT 陶瓷晶粒尺寸的影响。在高温烧结的过程中，PZT 晶粒主要是以晶界扩散的方式长大，所以，晶界扩散速度控制着晶

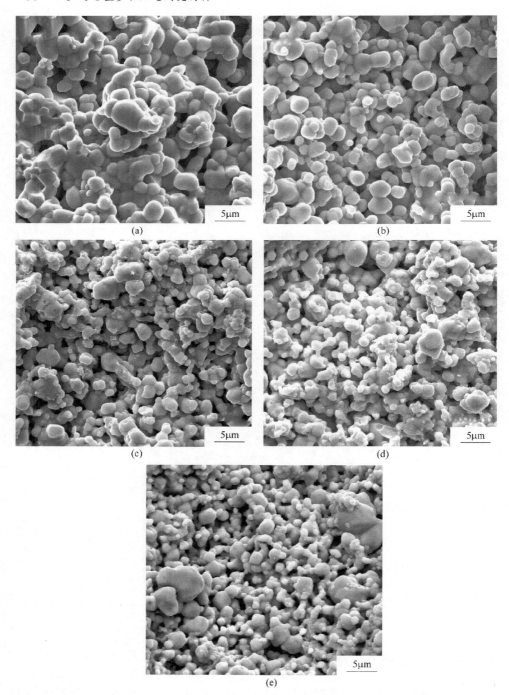

图 3-26　3-1 型 PZT 陶瓷的晶粒尺寸

（a）0.5mol/L；（b）1mol/L；（c）1.5mol/L；（d）2mol/L；（e）2.5mol/L

粒的长大速度。然而，由于 PZT 晶体内 Ca^{2+} 含量的增加，虽然 Ca^{2+} 在 PZT 中形成固溶体，但在晶粒表面的浓度相对较高，增加了表面扩散势垒，导致晶界扩散激活能增大，并阻碍晶界的扩散移动，这是 Ca^{2+} 含量增加使 PZT 晶粒度减小的主要原因。因此，随着 Ca^{2+} 浓度的增加，PZT 晶粒由 $2.13\mu m$ 降至 $1.09\mu m$。

3.3.1.3 介电性能

图 3-27 所示为 Ca^{2+} 浓度对 3-1 型 PZT 陶瓷孔隙率和相对介电常数的影响。如图所示，3-1 型 PZT 陶瓷的孔隙率随 Ca^{2+} 浓度的增大而减小。一般情况下，由于多孔 PZT 陶瓷孔隙率在减小的过程中将低相对介电常数的空气相逐渐排出，其相对介电常数应随之增大。但是，如上文分析，CaO 浓度增大，还会导致 PZT 晶粒尺寸减小，低介电相的晶界面积增大，引起多孔压电陶瓷的相对介电常数降低。因此，在本书中，相对介电常数随 Ca^{2+} 浓度的增大呈现先减小后增大的趋势。

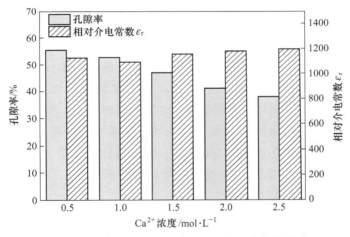

图 3-27　Ca^{2+} 浓度对孔隙率和相对介电常数的影响

3.3.1.4 压电性能

图 3-28 所示为 Ca^{2+} 浓度对 3-1 型 PZT 陶瓷孔隙率和纵向压电应变常数 d_{33} 的影响。对于多孔 PZT 陶瓷，压电应变常数同样受到孔隙率和晶粒尺寸的双重影响。在本书中，Ca^{2+} 浓度增大导致多孔 PZT 陶瓷孔隙率和晶粒尺寸都降低，而孔隙率的减小意味着压电相的增多，压电应变常数随之增大；晶粒尺寸的减小则造成空间位阻场的比表面积增大，对畴壁的限制增大，因而压电应变常数降低。如图 3-28 所示，纵向压电应变常数 d_{33} 呈现先增大后减小的趋势，说明在低孔隙率阶段，孔隙率对压电应变常数的影响其主导作用，到了高孔隙率阶段，晶粒尺寸对压电应变常数的影响显著。

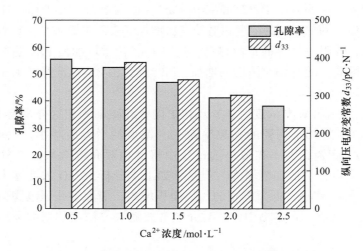

图 3-28　Ca²⁺浓度对孔隙率和纵向压电应变常数的影响

为了进一步研究 CaO 掺杂量对 3-1 型 PZT 陶瓷性能的影响，测试样品的电滞回线，如图 3-29 所示。图 3-30 所示为根据图 3-29 所示的 3-1 型 PZT 陶瓷的电滞回线计算得到的剩余极化强度。首先，3-1 型 PZT 陶瓷均形成了完整的电滞回线，表明多孔压电陶瓷同样具有明显的铁电压电材料特征；然后，随着 Ca²⁺浓度的增加，陶瓷样品的剩余极化强度呈现先增大后减小的趋势，当 Ca²⁺为 1mol/L 时，CaO 的掺杂量（质量分数）为 0.54%，剩余极化强度最大，为 7.45μC/cm²；最后，当 Ca²⁺浓度继续增加，3-1 型压电陶瓷的电滞回线变得扁平，剩余极化强度减小，铁电性降低。

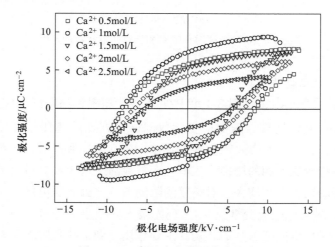

图 3-29　Ca²⁺浓度电滞回线的影响

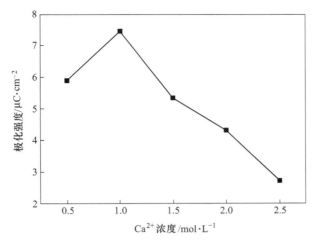

图 3-30　Ca²⁺浓度对剩余极化强度的影响

一般来说，铁电压电材料的铁电畴由 90°铁电畴和 180°铁电畴组成，材料的剩余极化强度反映了铁电压电材料的铁电畴极化转向并且在撤去极化电场后剩余的电畴数目。由于 180°电畴在翻转时没有应力的作用，因此在极化电场强度为零时几乎全部可以保留下来，而 90°电畴在去掉外电场时容易恢复到原有的状态。因此，材料剩余极化强度的大小主要取决于 180°电畴。显然，CaO 掺杂使 3-1 型 PZT 陶瓷的各向异性降低，180°电畴的比例降低，剩余极化强度下降，与多孔压电陶瓷的孔隙率减小使多孔 PZT 陶瓷铁电性增大的影响相结合，得到剩余极化强度先增大后减小的结果，而压电应变常数与剩余极化强度通常呈正比例关系[13]，因此，纵向压电应变常数 d_{33} 的变化规律与电滞回线的变化相同。

图 3-31 所示为 Ca²⁺浓度对 3-1 型 PZT 陶瓷静水压品质因数 HFOM 的影响。

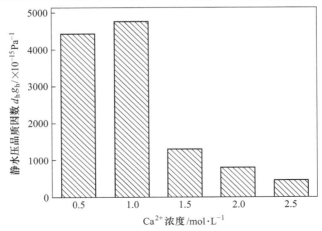

图 3-31　Ca²⁺浓度对静水压品质因数的影响

在相对介电常数 ε_r 和纵向压电应变常数 d_{33} 的共同作用下，静水压品质因数 HFOM 值随 Ca²⁺浓度的增大呈现先增大后减小的趋势，最大值为 $4754×10^{-15}Pa^{-1}$。

3.3.1.5 力学性能

图 3-32 所示为 Ca²⁺浓度对 3-1 型 PZT 陶瓷抗压强度的影响。随 Ca²⁺浓度的增大，3-1 型 PZT 陶瓷的密度增大，晶粒尺寸减小，都对抗压强度的提高有显著的效果，最高值达到了 129MPa。

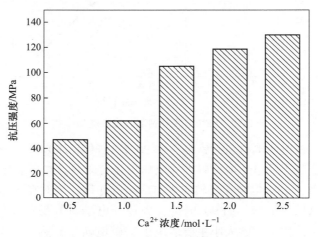

图 3-32　Ca²⁺浓度对抗压强度的影响

3.3.2 SrCl₂ 溶液浓度对材料的影响

本节以 PMN-PZT($Pb(Zr_{0.52}Ti_{0.48})_{0.75}(Mg_{1/3}Nb_{2/3})_{0.25}O_3$) 压电陶瓷为原料，制备了固含量（质量分数）为 10%，海藻酸钠溶液浓度（质量分数）为 2%的陶瓷浆料，阳离子溶液中 Sr²⁺的浓度分别为 0.5mol/L、1mol/L、1.5mol/L、2mol/L 和 2.5mol/L，坯体经 1mol/L 葡萄糖酸内酯溶液浸泡 72h 后，在 1150℃下烧结成瓷。

3.3.2.1 物相分析

图 3-33 所示为 Sr²⁺浓度对 3-1 型 PMN-PZT 陶瓷物相的影响。如图所示，所有样品均为纯钙钛矿结构，在准同型相界（MPB）附近存在菱面体铁电相（$R3m$）和四方铁电相（$P4mm$），无焦绿石相出现，说明 SrO 已完全溶解到 PMN-PZT 压电陶瓷晶格中。此外，当 SrCl₂ 溶液浓度在 0.5~1.0mol/L 范围内变动时，在 21°、55°和 65°衍射角附近分别出现了 $(010)_R$，$(121)_R$，$(\overline{2}11)_R$ 和 $(220)_R$ 的特征峰，表明菱面体铁电相（$R3m$）的含量更高。随着 SrCl₂ 溶液的浓度增加至 1.5mol/L，衍射峰 $(010)_R$，$(121)_R$ 和 $(\overline{2}11)_R$ 开始变宽并分裂为代表

四方铁电相（$P4mm$）的（001）$_T$，（100）$_T$，（112）$_T$和（211）$_T$。从 X 射线荧光光谱分析可知，随着 $SrCl_2$ 溶液的浓度从 0.5mol/L 增加至 2.5mol/L，3-1 型 PMN-PZT 压电陶瓷内 SrO 的掺杂量（质量分数）分别为 1.243%、1.765%、1.954%、2.253%和 2.547%。因此，可以推断 PMN-PZT 压电陶瓷内四方相含量随 Sr^{2+} 浓度增大而增多。

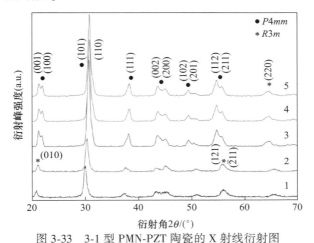

图 3-33 3-1 型 PMN-PZT 陶瓷的 X 射线衍射图

1—0.5mol/L；2—1.0mol/L；3—1.5mol/L；4—2.0mol/L；5—2.5mol/L

图 3-34 所示为利用最小二乘法计算晶格参数 a 和 c，得到 Sr^{2+} 浓度对晶格参数的影响规律。如图所示，随着 SrO 含量的增加，无论是晶格参数 c 的逐渐降低，还是晶格参数 a 的细微变化，都使 c/a 轴比率出现了明显下降。这是由于 Sr^{2+} 半径（0.118nm）略低于 Pb^{2+} 半径（0.119mm），当 Sr^{2+} 置换 Pb^{2+} 时，易造成晶胞尺寸降低，即 c/a 轴率下降，从而有利于提高 PMN-PZT 压电陶瓷的烧结致密度。

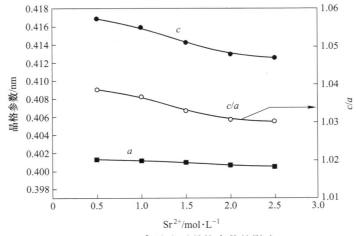

图 3-34 Sr^{2+} 浓度对晶格参数的影响

3.3.2.2   孔隙率和显微形貌

图 3-35 所示为 Sr^{2+}浓度对 3-1 型 PMN-PZT 压电陶瓷密度和孔隙率的影响。显然，尽管所有陶瓷浆料具有相同的原料配比，多孔压电陶瓷的密度仍然随着 Sr^{2+}浓度的增大从 3.73g/cm^3 增加至 4.43g/cm^3，孔隙率则从 50.91% 下降至 41.62%。在海藻酸钠与高价阳离子发生交联反应形成直通孔的过程中，海藻酸凝胶出现致密化收缩的现象。因此，随着 Sr^{2+}溶液浓度的提高，Sr^{2+}与海藻酸钠的凝胶化反应将更加彻底，提高了海藻酸凝胶的致密度和多孔压电陶瓷的密度。同时，前文中提到 c/a 轴率的降低也有助于提高压电陶瓷致密度。

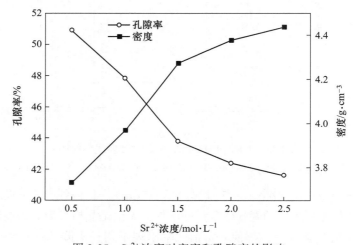

图 3-35   Sr^{2+}浓度对密度和孔隙率的影响

图 3-36 所示为 Sr^{2+}浓度对 3-1 型 PMN-PZT 陶瓷晶粒尺寸的影响。如图所示，压电陶瓷晶粒结合紧密，孔壁有少量微孔存在。当 SrO 含量（质量分数）为 1.954% 时，压电陶瓷的晶粒尺寸为 2.18μm，随着 SrO 含量（质量分数）增大至 4.052%，晶粒尺寸降至 0.76μm。当 SrO 杂质溶于 PMN-PZT 晶粒时，会阻碍晶界移动，抑制晶粒生长，从而细化压电陶瓷的微观结构。

3.3.2.3   介电和压电性能

图 3-37 所示为 Sr^{2+}浓度对 3-1 型 PMN-PZT 陶瓷相对介电常数 ε_r 和介电损耗 tanδ 的影响。如图所示，随着 Sr^{2+}浓度的增大，3-1 型 PMN-PZT 陶瓷的室温相对介电常数 ε_r 从 1402 增加至 2110，居里温度从 173℃ 降至 131℃。此处，多孔压电陶瓷相对介电常数 ε_r 的增加不仅归因于密度的提高，还与晶粒尺寸的减小密不可分。随着晶粒尺寸的减小，晶界处存在的缺陷增多，从而引起空间电荷分布的变化，并在外电场中产生偶极矩，造成相对介电常数 ε_r 随着空间电荷极化的提升而

图 3-36　3-1 型 PMN-PZT 压电陶瓷的晶粒尺寸

（a）0.5mol/L；（b）1.5mol/L；（c）2.5mol/L

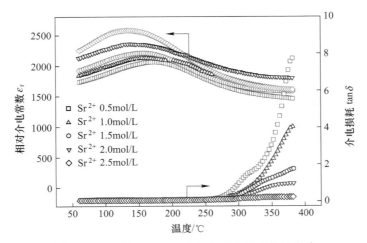

图 3-37　Sr^{2+} 浓度对介温性能和介损温性能的影响

增大。当 Sr^{2+} 替代晶格中的 Pb^{2+} 时，四方相畸变将随着 SrO 含量的增大而降低，从而导致居里温度下降。随着 Sr^{2+} 浓度的增大，多孔压电陶瓷的介电损耗 $tan\delta$ 有所下降，这是由于晶格中 Sr^{2+} 离子半径和 Pb^{2+} 离子半径的失配，将造成畴壁迁移率增大，电畴无法在电场去除后及时转向，从而导致介电损耗 $tan\delta$ 降低。

图 3-38 所示为 Sr^{2+} 浓度对 3-1 型 PMN-PZT 陶瓷电滞回线的影响。由图可知，所有样品在室温下都可以观察到饱和极化的电滞回线，但是电滞回线的形状变化显著。当 $SrCl_2$ 溶液浓度在 0.5~1.0mol/L 范围内变动时，由于电畴内部存在电导损耗，压电陶瓷处于弛豫铁电态，电滞回线呈现为典型的椭圆形。此外，当 $SrCl_2$ 溶液浓度为 0.5mol/L 时，压电陶瓷具有最小的矫顽场强（约 0.51kV/cm）和剩余极化强度（约 $0.44\mu C/cm^2$）。随着 $SrCl_2$ 溶液浓度增大至 1.5mol/L，电滞回线开始呈现为方形。显然，SrO 的加入降低了电导损耗，压电陶瓷趋向于正常的铁电态。当 $SrCl_2$ 溶液浓度增至 2.5mol/L，压电陶瓷的矫顽场强（约 6.98kV/cm）和剩余极化强度（约 $5.37\mu C/cm^2$）达到最高值。根据前期研究，PMN-PZT 样品晶粒尺寸减小会造成更多的空间电荷，对畴壁运动阻碍作用，影响材料的铁电态。然而，在本实验中，SrO 掺杂造成压电陶瓷的四方铁电相（$P4mm$）增加，使 PMN-PZT 压电陶瓷的晶相更接近准同型相界（MPB），对材料铁电性的提高起到更为显著的作用。

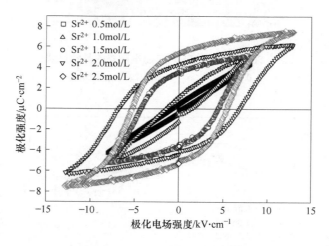

图 3-38 Sr^{2+} 浓度对电滞回线的影响

表 3-3 所列为 3-1 型 PMN-PZT 陶瓷的主要性能指标。随着 SrO 含量的增加，纵向压电应变常数 d_{33} 从 434pC/N 增大至 617pC/N。一方面，压电陶瓷密度的增加会造成纵向压电应变常数 d_{33} 的增大；另一方面，SrO 掺杂造成的晶相转变将使电畴更易于极化，提高极化强度和压电性能。

随着 SrO 含量的增加，3-1 型 PMN-PZT 陶瓷的静水压品质因数 HFOM 从 $3485 \times 10^{-15} Pa^{-1}$ 增加至 $5045 \times 10^{-15} Pa^{-1}$，大约是致密 PZT 压电陶瓷的 50 倍，有助于提高材料在水声传感器领域应用时的灵敏度。此外，本书实验制备 3-1 型 PMN-PZT 陶瓷的密度和相对介电常数均高于 CaO 掺杂的 PZT 陶瓷，说明材料具有更好的机械强度和稳定性。

随着 SrO 含量的增加，3-1 型 PMN-PZT 陶瓷的声阻抗从 $3.49 \times 10^6 kg/(m^2 \cdot s)$ 提高至 $5.88 \times 10^6 kg/(m^2 \cdot s)$，与水（约 $1.5 \times 10^6 kg/(m^2 \cdot s)$）或生物体（$1 \times 10^6 \sim 2 \times 10^6 kg/(m^2 \cdot s)$）的声阻抗相近，最大限度地减少了医用超声换能器和介质之间界面处的能量损失，改善声学匹配，促进材料在医用超声换能器领域的应用。

表 3-3 3-1 型 PMN-PZT 陶瓷的主要性能指标

Sr^{2+} /mol·L^{-1}	T_c /℃	ε_r(室温)	Tanδ（室温）	d_{33} /pC·N^{-1}	HFOM /$\times 10^{-15} Pa^{-1}$	Z /$\times 10^6 kg \cdot (m^2 \cdot s)^{-1}$
0.5	173	1402	0.056	434	3485	3.49
1.0	164	1620	0.031	483	3851	4.27
1.5	157	1824	0.028	519	4218	4.75
2.0	144	2033	0.027	566	4933	5.26
2.5	131	2110	0.007	587	5045	5.88

3.4 海藻酸钠溶液浓度对材料的影响

本节制备了固含量（质量分数）为 10%，海藻酸钠溶液浓度（质量分数）分别为 1%、1.5%、2%、2.5% 和 3% 的陶瓷浆料，阳离子溶液 $CaCl_2$ 的浓度为 1mol/L，坯体经 1mol/L 葡萄糖酸内酯溶液和 1mol/L HCl 溶液中依次各浸泡 24h 后，在 1150℃ 下烧结成瓷。

3.4.1 浆料黏度分析

图 3-39 所示为海藻酸钠浓度对陶瓷浆料黏度的影响。在 PZT 陶瓷浆料体系中，海藻酸钠起到了黏结剂的作用，当海藻酸钠浓度较低时，浆料的黏度很小，并且黏度不随剪切速率的增大而改变，呈现近似牛顿流体的特征。当海藻酸钠浓度（质量分数）增至 2.5% 时，浆料的黏度明显增大，并且由近似牛顿流体转变为剪切变稀的非牛顿流体。这是因为随着海藻酸钠含量的增大，浆料内部出现了更多的有机大分子，其在静止时彼此缠结在一起，受到剪切力的作用时，缠结点被解开，分子或质点沿流动方向排列成线，流层间的剪切应力减小，使黏度下降，浆料呈剪切变稀的状态。当剪切速率增大到某一数值后，分子间排列完毕，则黏度逐渐趋于稳定。

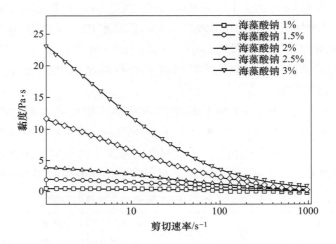

图 3-39 海藻酸钠浓度对陶瓷浆料黏度的影响

3.4.2 孔隙率和显微形貌

图 3-40 所示为海藻酸钠浓度对 3-1 型 PZT 陶瓷密度和孔隙率的影响。陶瓷坯体中的有机物在高温下烧失时，会在坯体内部留下孔洞，随着黏结剂加入量的增加，孔洞的数量也不断增加，从而导致材料的孔隙率上升。因此，当浆料的固含量一定时，有机黏结剂含量越高，坯体的密度越小，孔隙率越大。随着海藻酸钠浓度（质量分数）从 1% 升高至 3%，3-1 型 PZT 陶瓷的密度由 4.83g/cm³ 减小至 2.68g/cm³，孔隙率则由 36.4% 增大至 64.8%。

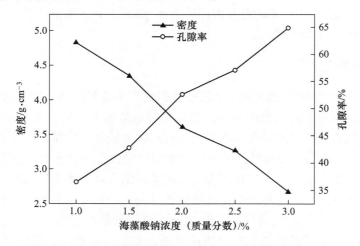

图 3-40 海藻酸钠浓度对密度和孔隙率的影响

　　图 3-41 所示为海藻酸钠浓度对多孔陶瓷坯体宏观形貌的影响。从中可以看出，当海藻酸钠浓度（质量分数）小于 2% 的时候，陶瓷浆料的黏度较小，随着海藻酸钠浓度增大，Ca^{2+} 与海藻酸钠分子发生离子凝胶反应的程度增大，导致孔的数量增多，孔径尺寸和孔壁厚度减小，孔分布越均匀；当海藻酸钠浓度（质量

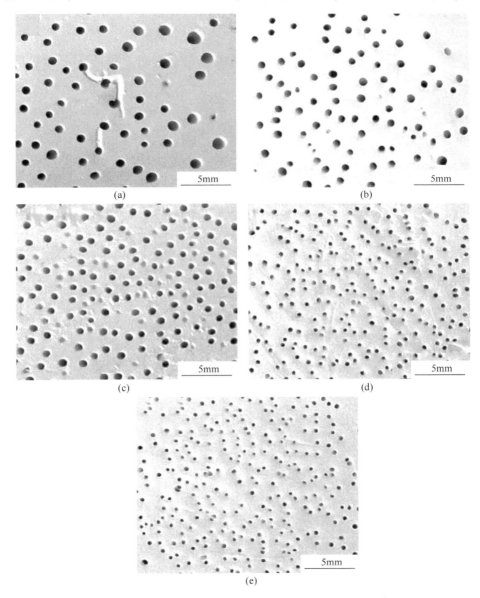

图 3-41　海藻酸钠浓度（质量分数）对多孔陶瓷坯体宏观形貌的影响

（a）1%；（b）1.5%；（c）2%；（d）2.5%；（e）3%

分数）大于 2%的时候，随着海藻酸钠浓度增大，孔数量继续增多，孔径减小，但是浆料的黏度也显著增大，导致孔壁厚度增大，孔径分布不均。

图 3-42 所示为海藻酸钠浓度对 3-1 型 PZT 陶瓷显微形貌的影响。随着海藻酸钠浓度的增大，3-1 型 PZT 陶瓷的孔隙形状逐渐变得不规则，孔径尺寸由 266μm 降至 106μm，孔径分布和孔壁厚度的变化趋势则与坯体的宏观形貌基本相符，分别呈现分布不均和先减小后增大的情况。

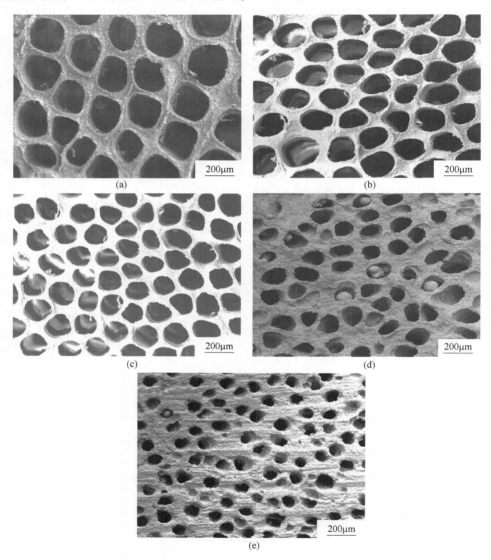

图 3-42　海藻酸钠浓度（质量分数）对 3-1 型 PZT 陶瓷显微形貌的影响

(a) 1%；(b) 1.5%；(c) 2%；(d) 2.5%；(e) 3%

3.4.3 介电性能

图 3-43 所示为海藻酸钠浓度对 3-1 型 PZT 陶瓷相对介电常数 ε_r 的影响。3-1 型 PZT 陶瓷的相对介电常数 ε_r 随着测试频率的提高而降低，属于典型的铁电材料特性。此外，随着多孔压电陶瓷孔隙率的减小，陶瓷坯体的密度随之提高，压电陶瓷内低介电性的空气相被逐渐排出，导致多孔 PZT 陶瓷的相对介电常数 ε_r 明显增大。当测试频率为 1kHz 时，随着 3-1 型 PZT 陶瓷的孔隙率由 36.5% 增至 64.8%，其相对介电常数 ε_r 由 1649 减小至 625。

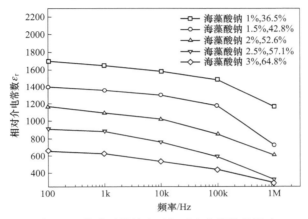

图 3-43 海藻酸钠浓度对相对介电常数的影响

3.4.4 压电性能

图 3-44 所示为 3-1 型 PZT 陶瓷的孔隙率对纵向压电应变常数 d_{33} 和静水压压

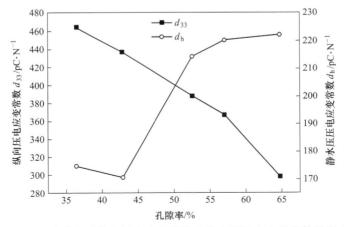

图 3-44 孔隙率对纵向压电应变常数和静水压压电应变常数的影响

电应变常数 d_h 的影响。当孔隙率上升时，无压电效应的空气相增多，纵向压电应变常数 d_{33} 随之减小。

静水压压电应变常数 d_h （$d_h = d_{33} + 2d_{31}$）随孔隙率的增大则出现了不同的变化趋势。当多孔 PZT 陶瓷的孔隙率由 36.4% 增至 42.8% 时，由于纵向压电应变常数 d_{33} 与横向压电应变常数 d_{31} 的符号相反，横向压电应变常数 d_{31} 的减小速度低于纵向压电应变常数 d_{33}，静水压压电应变常数 d_h 由 174pC/N 减小至 170pC/N；随着孔隙率的继续增大，横向压电应变常数 d_{31} 的减小速度超过了纵向压电应变常数 d_{33}，导致静水压压电应变常数 d_h 出现了上升的趋势。可以推断，在本书实验中，纵向压电应变常数 d_{33} 和横向压电应变常数 d_{31} 的变化不仅受孔隙率的影响，同时孔径尺寸的影响也不可忽视，即在孔隙率增大的过程中，较小的孔径尺寸加速了纵向压电应变常数 d_{33} 和横向压电应变常数 d_{31} 的降低，且对横向压电应变常数 d_{31} 的影响更大。

图 3-45 所示为孔隙率对 3-1 型 PZT 陶瓷静水压品质因数 HFOM 的影响。如图所示，当多孔 PZT 陶瓷的孔隙率由 36.4% 上升至 64.8%，其静水压品质因数 HFOM 值由 $2092 \times 10^{-15} \mathrm{Pa}^{-1}$ 升至 $8918 \times 10^{-15} \mathrm{Pa}^{-1}$。

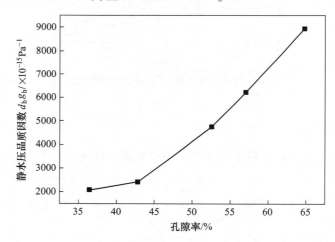

图 3-45   孔隙率对静水压品质因数的影响

3.5   烧结行为对材料的影响

本节配制了固含量（质量分数）10%，海藻酸钠浓度（质量分数）2%的浆料。浆料经固化，干燥后，分别在 1150℃、1175℃、1200℃、1225℃ 和 1250℃ 下保温 2h，测试烧结温度对材料性能的影响，并与直接发泡法制备 3-0 型 PZT 陶瓷的性能进行对比。

3.5.1　孔隙率和显微形貌

图 3-46 所示为烧结温度对多孔 PZT 陶瓷孔隙率的影响。显然，烧结温度越高，坯体的收缩越严重，3-1 型 PZT 陶瓷的孔隙率由 52.6% 降至 16.4%。

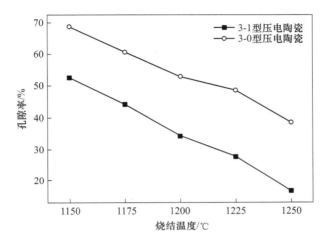

图 3-46　烧结温度对多孔 PZT 陶瓷孔隙率的影响

图 3-47 所示为烧结温度对 3-1 型 PZT 陶瓷晶粒尺寸的影响。如图 3-47（a）和（b）所示，当烧结温度较低时，相互接触的陶瓷颗粒可以通过表面扩散的方式使物质往黏结处迁移，从而使陶瓷颗粒的中心相互靠近，形成烧结颈，并在陶瓷壁上产生大量联通的气孔。随着烧结温度升高，烧结颈开始填充，晶粒表面变得更加光滑，气孔向球状发展，坯体发生收缩，但是晶粒尺寸没有明显的长大，如图 3-47（c）所示。当烧结温度继续升高至 1225℃，体积扩散取代了表面扩散，原子不断向粉体颗粒接触面处迁移扩散，晶粒开始明显长大，并开始形成闭口的气孔，如图 3-47（d）所示。当烧结温度继续升高，陶瓷坯体的孔隙继续收缩，导致闭口气孔内部气压会逐渐升高，最终两者达到平衡，烧结过程结束。

3.5.2　介电性能

图 3-48 所示为孔隙率对多孔 PZT 陶瓷相对介电常数 ε_r 的影响。当烧结温度升高时，在孔隙率减小和晶粒尺寸增大的共同作用下，相对介电常数 ε_r 基本呈线性增大的趋势。但是，如图 3-48 所示，采用两种工艺制备的多孔 PZT 陶瓷，在相同的孔隙率下，相对介电常数 ε_r 出现较大的差别。一般来说，3-1 型 PZT 陶瓷是具有定向通孔结构的蜂窝陶瓷，气孔之间互不联通，属于并联模型，而 3-0 型

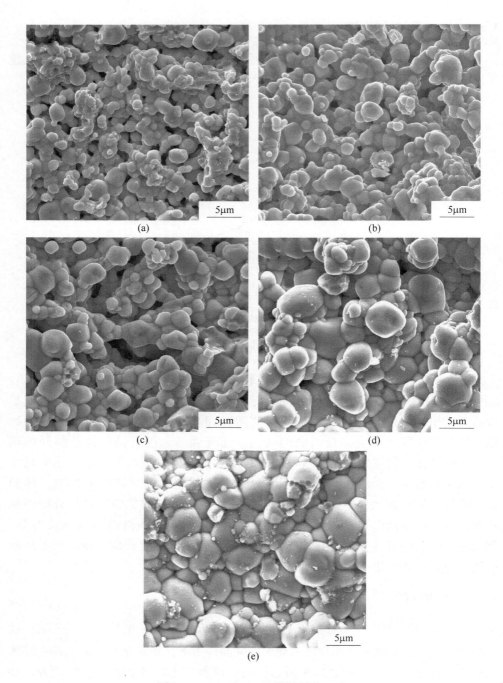

图 3-47　3-1 型 PZT 陶瓷的晶粒尺寸
（a）1150℃；（b）1175℃；（c）1200℃；（d）1225℃；（e）1250℃

PZT 陶瓷的连接更倾向于气孔相互联通的串联模型，根据计算相对介电常数的"一般经验公式"，可以得出并联模型的多孔 PZT 陶瓷具有更高的相对介电常数 ε_r。因此，陶瓷材料的结构特性成为除孔隙率之外，影响相对介电常数 ε_r 的另一重要因素。

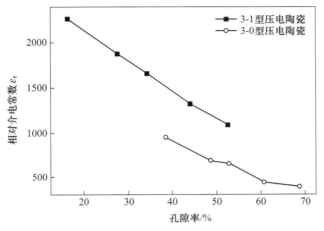

图 3-48　孔隙率对相对介电常数的影响

3.5.3　压电性能

图 3-49 所示为孔隙率对多孔 PZT 陶瓷纵向压电应变常数 d_{33} 的影响。随着孔隙率的增大，3-1 型 PZT 陶瓷的纵向压电应变常数 d_{33} 由 506pC/N 降至 388pC/N。根据前文的分析，在 3-1 型 PZT 陶瓷的制备过程中，作为固化剂引入的 Ca^{2+} 在后

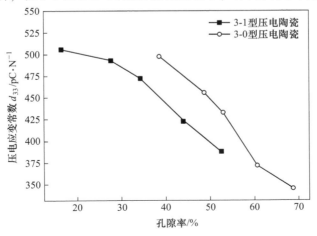

图 3-49　孔隙率对纵向压电应变常数的影响

续的高温烧结中进入 PZT 晶格和晶界，造成缺陷，阻碍了晶粒的长大，导致压电性能下降。因此，如图 3-49 所示，在相同的孔隙率下，3-1 型 PZT 陶瓷的纵向压电应变常数 d_{33} 要低于 3-0 型 PZT 陶瓷。

图 3-50 所示为孔隙率对多孔 PZT 陶瓷静水压压电电压常数 g_h 的影响。随着孔隙率的升高，静水压压电应变常数 d_h 增大，而相对介电常数 ε_r 减小，两者的共同作用导致静水压压电电压常数 g_h 由 $5.1\times10^{-3}\,V\cdot m/N$ 升至 $22.2\times10^{-3}\,V\cdot m/N$。与此同时，相对较低的静水压压电应变常数 d_h 和较高的相对介电常数 ε_r，导致 3-1 型 PZT 陶瓷的静水压压电电压常数 g_h 低于 3-0 型压电陶瓷。

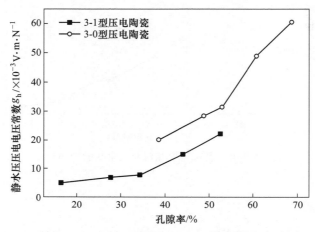

图 3-50　孔隙率对静水压压电电压常数的影响

图 3-51 所示为孔隙率对多孔 PZT 陶瓷静水压品质因数 HFOM 的影响。随着孔隙率的增大，3-1 型 PZT 陶瓷的静水压品质因数 HFOM 值由 $514\times10^{-15}\,Pa^{-1}$ 升

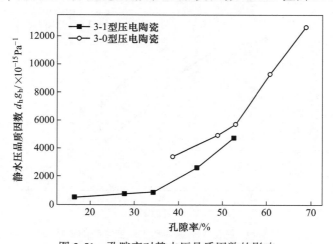

图 3-51　孔隙率对静水压品质因数的影响

至 $4755×10^{-15}Pa^{-1}$。但是，由于纵向压电应变常数 d_{33} 较低和相对介电常数 ε_r 较高的原因，相同孔隙率下，3-1 型 PZT 陶瓷的静水压品质因数 HFOM 值要低于 3-0 型 PZT 陶瓷，即灵敏度较低。

3.5.4 力学性能

图 3-52 所示为孔隙率对多孔 PZT 陶瓷抗压强度的影响。当 3-1 型 PZT 陶瓷的孔隙率由 16.4% 上升至 52.6% 时，其抗压强度由 165MPa 降至 62MPa。鉴于 3-1 型 PZT 陶瓷孔壁密实无缺陷的蜂窝状结构有益于提高力学性能，以及引入氧化物掺杂，不仅可以进入 PZT 晶格中形成固溶体，降低烧结温度，而且在掺杂过量时，在晶界处聚集形成第二相，阻止 PZT 压电陶瓷晶粒长大，使晶界得到强化，PZT 压电陶瓷的力学性能得到提升[14-15]。因此，在相同的孔隙率下，3-1 型 PZT 陶瓷沿孔隙方向的抗压强度高于 3-0 型 PZT 陶瓷。

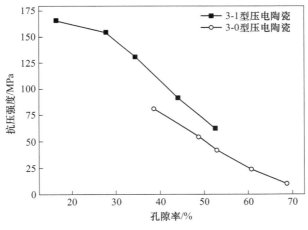

图 3-52　孔隙率对抗压强度的影响

3.6 3-1 型 PZT 陶瓷电学性能计算模型

通常情况下，在对多孔压电陶瓷的相对介电常数和压电应变常数进行模拟计算时，人们往往关注于孔隙率或孔形状对性能的影响规律[16-17]，对孔径尺寸、孔壁厚度的影响因素则未考虑。本书尝试建立 3-1 型 PZT 陶瓷电学计算模型，研究孔径尺寸/壁厚对多孔 PZT 陶瓷电学性能的影响规律。

对于 3-1 型 PZT 陶瓷，由于其压电相和非压电相的排列具有周期性，因此可以只取其代表性的一个单元，称为胞体单元，并假设该胞体单元为正方体，其长、宽、高的值都相等。如图 3-53 所示，假设孔隙的横截面为正方形并呈方形排列。

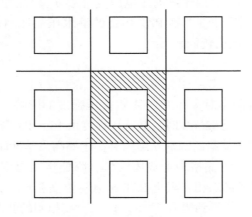

图 3-53   横截面方形柱

当 3-1 型 PZT 陶瓷受到垂直于横截面的电场或外力的作用时，由于空气相的相对介电常数非常低，而且不具备压电效应，因此电场或外力主要作用于压电相材料上。将胞体单元取出，并按照图 3-54 所示的方式对其进行划分，L_1 和 L_2 分别代表孔径和孔壁厚度。其中，有效的压电相面积可以划分为两类，根据图中的尺寸标注，其面积分别为：

$$S_1 = L_1 \cdot L_2 \tag{3-4}$$

$$S_2 = L_2 \cdot L_2 \tag{3-5}$$

胞体单元的总面积为

$$S_{\text{总}} = 4(S_1 + S_2) + L_1 \cdot L_1 \tag{3-6}$$

则有效压电相占胞体单元的比例，即样品的致密度为：

$$K = \frac{4(S_1 + S_2)}{S_{\text{总}}} = \frac{4(L_1 \cdot L_2 + L_2 \cdot L_2)}{4(L_1 \cdot L_2 + L_2 \cdot L_2) + L_1 \cdot L_1} \tag{3-7}$$

样品沿垂直横截面方向的相对介电常数 ε_{r} 和纵向压电应变常数 d_{33} 的计算模型如下式：

$$\varepsilon_{\text{r}} = \varepsilon_1 \cdot K = \varepsilon_1 \cdot \frac{4(L_1 \cdot L_2 + L_2 \cdot L_2)}{4(L_1 \cdot L_2 + L_2 \cdot L_2) + L_1 \cdot L_1} \tag{3-8}$$

$$d_{33}^* = d_{33} \cdot K = d_{33} \cdot \frac{4(L_1 \cdot L_2 + L_2 \cdot L_2)}{4(L_1 \cdot L_2 + L_2 \cdot L_2) + L_1 \cdot L_1} \tag{3-9}$$

式中，ε_1 和 d_{33} 分别代表致密 PZT 陶瓷的相对介电常数和纵向压电应变常数，根据生产厂家提供的数据，$\varepsilon_1 = 3500$，$d_{33} = 690\text{pC/N}$。

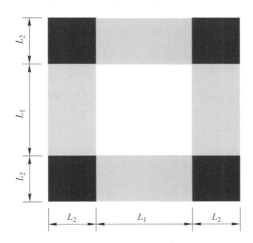

图 3-54 多孔压电陶瓷胞体单元的尺寸划分

根据式（3-8）和式（3-9）的计算结果，得到孔径尺寸/孔壁厚度比（L_1/L_2）对相对介电常数 ε_r 和纵向压电应变常数 d_{33}^* 的影响，如图 3-55 和图 3-56 所示。从图中可以看出，随着孔径尺寸/孔壁厚度比（L_1/L_2）的增加，相对介电常数 ε_r 和纵向压电应变常数 d_{33}^* 均显著降低，且变化趋势相同。

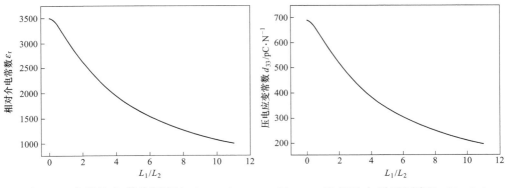

图 3-55 孔径尺寸/孔壁厚度比（L_1/L_2）对相对介电常数的影响

图 3-56 孔径尺寸/孔壁厚度比（L_1/L_2）对纵向压电应变常数的影响

当横向力作用于 3-1 型 PZT 陶瓷的胞体单元时，将产生横向压电应变常数 d_{31}，如图 3-57 所示。根据 3-1 型 PZT 陶瓷坯体结构的特征，可以将胞体单元划分为两类四个部分。根据 Bowen 模型中对有效压电相的划分原则，将有效压电相的面积定为：

$$S_{有效} = 2L_2 \cdot (L_1 + 2L_2) \tag{3-10}$$

胞体单元的总面积仍按照式（3-7）计算可得。因此，横向压电应变常数 d_{31} 的计算公式如下：

$$d_{31}^* = d_{31} \cdot \frac{S_{有效}}{S_{总}} = d_{31} \cdot \frac{2L_2 \cdot (L_1 + 2L_2)}{(L_1 + 2L_2)^2} \tag{3-11}$$

式中，d_{31} 为致密 PZT 陶瓷的横向压电应变常数，根据生产厂家提供的数据，$d_{31} = 168\text{pC/N}$。

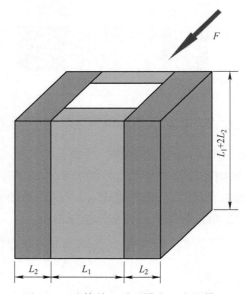

图 3-57　胞体单元受到横向压力的模型

根据式（3-11）计算，得到孔径尺寸/孔壁厚度比（L_1/L_2）对横向压电应变常数 d_{31}^* 的影响，如图 3-58 所示。显然，随着孔径尺寸/孔壁厚度比（L_1/L_2）的增大，横向压电应变常数 d_{31}^* 明显减小。相比于纵向压电应变常数 d_{33}^*，可以看出在孔径尺寸/孔壁厚度比（L_1/L_2）较小，即孔径较小，孔壁较厚的阶段，横向压电应变常数 d_{31}^* 随孔径增大而降低的速度要快于纵向压电应变常数 d_{33}^*。当孔径较高时，横向压电应变常数 d_{31}^* 和纵向压电应变常数 d_{33}^* 随孔径尺寸/孔壁厚度比（L_1/L_2）增大而减小的速度趋于同步。

图 3-59 所示为 3-1 型 PZT 陶瓷静水压压电电压常数 g_h（$g_h = d_h/\varepsilon_r\varepsilon_0$）与孔径尺寸/孔壁厚度比的关系。从图中可以看出，虽然相对介电常数 ε_r、纵向压电应变常数 d_{33} 和横向压电应变常数 d_{31} 都随着孔径尺寸/孔壁厚度比（L_1/L_2）的增大

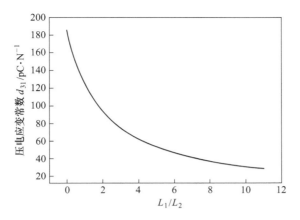

图 3-58　孔径尺寸/孔壁厚度比（L_1/L_2）对横向压电应变常数的影响

而减小，但是相对介电常数 ε_r 的下降速度显然高于静水压压电应变常数 d_h（$d_h = d_{33} + 2d_{31}$），因此，随着孔径尺寸/孔壁厚度比（L_1/L_2）的增大，静水压压电电压常数 g_h 也增大。

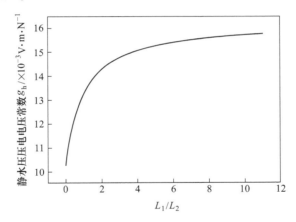

图 3-59　孔径尺寸/孔壁厚度比（L_1/L_2）对静水压压电电压常数的影响

　　图 3-60 所示为 3-1 型 PZT 陶瓷静水压品质因数 HFOM（HFOM = $d_h \times g_h$）与孔径尺寸/孔壁厚度比（L_1/L_2）的关系。由于随着孔径尺寸/孔壁厚度比（L_1/L_2）的增大，静水压压电应变常数 d_h 减小而静水压压电电压常数 g_h 增大，静水压品质因数 HFOM 出现了先增大后减小的趋势。这与之前研究中孔隙率对静水压品质因数 HFOM 值呈线性影响的规律并不完全一致，说明通过控制孔径尺寸/孔壁厚度比（L_1/L_2），可以在较低的孔隙率下达到最大的静水压品质因数 HFOM 值，确保样品具备优异的灵敏度和稳定性。

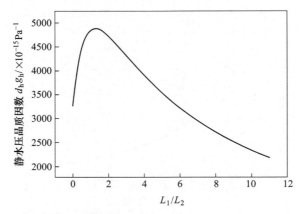

图 3-60   孔径尺寸/孔壁厚度比（L_1/L_2）对静水压品质因数的影响

参 考 文 献

[1] Thiele H, Geordnete K. Nucleation and mineralisation [J]. Journal of Biomedical Materials Research, 1967, 1 (2): 213-238.

[2] Batich C D, Willenberg B J, Hamazaki T, et al. Novel tissue engineered scaffolds derived from copper capillary alginate gels: US, 2004196423 [P]. 2005-07-12.

[3] Willenberg B J, Hamazaki T, Meng F W, et al. Self-assembled copper-capillary alginate gel scaffolds with oligochitosan support embryonic stem cell growth [J]. Journal of Biomedical Materials Research Part A, 2006, 79A (2): 440-450.

[4] Dittrich R, Tomandl G, Despang F, et al. Scaffolds for hard tissue engineering by ionotropic gelation of alginate-influence of selected preparation parameters [J]. Journal of the American Ceramic Society. 2007, 90 (6): 1703-1708.

[5] Eljaouhari A A, Muller R, Kellermeier M, et al. New anisotropic ceramic membranes from chemically fixed dissipative structures [J]. Langmuir, 2006, 22 (26): 11353-11359.

[6] Xue W J, Sun Y, Huang Y, et al. Preparation and properties of porous alumina with highly ordered and unidirectional oriented pores by a self-organization process [J]. Journal of the American Ceramic Society, 2011, 94 (7): 1978-1981.

[7] Xue W J, Huang Y, Xie Z P, et al. Al$_2$O$_3$ ceramics with well-oriented and hexagonally ordered pores: The formation of microstructures and the control of properties [J]. Journal of the European Ceramic Society, 2012, 32 (12): 3151-3159.

[8] 薛伟江. 环保型直通孔结构多孔陶瓷的制备与性能 [D]. 天津: 天津大学, 2009.

[9] Tajima K, Hwang H J, Sando M, et al. PZT nanocomposites reinforced by small amount of oxides [J]. Journal of the European Ceramic Society, 1999, 19 (6/7): 1179-1182.

[10] Zheng K, Lu J, Chu J. A novel wet etching process of Pb(Zr,Ti)O$_3$ thin films for applications in microelectromechanical system [J]. Japanese Journal of Applied Physics, 2004, 43

(6S)：3934.

[11] Tawfik A, Eatah A I, Abd El-Salam F. Dielectric and electromechanical properties of calcium-doped lead zirconate titanate [J]. Materials Science and Engineering, 1983, 60 (2)：145-149.

[12] 刘强, 杨秋红, 赵广根, 等. 二氧化钛含量对铈稳定立方氧化锆陶瓷的性能影响 [J]. 无机化学学报, 2013, 29 (4)：798-802.

[13] 袁万宗. 铁电陶瓷剩余极化强度与纵向压电应变常数之间的线性关系 [J]. 爆轰波与冲击波, 1995 (3)：21-24.

[14] Promsawat M, Watcharapasorn A, Sreesattabud T, et al. Effect of ZnO nano-particulates on structure and properties of PZT/ZnO ceramics [J]. Ferroelectrics, 2009, 382 (1)：166-172.

[15] Jiansirisomboon S, Promsawat M, Namsar O, et al. Fabrication-structure-properties relations of nano-sized NiO incorporated PZT ceramics [J]. Materials Chemistry and Physics, 2009, 117 (1)：80-85.

[16] Kara H, Perry A, Stevens R, et al. Interpenetrating PZT/polymer composites for hydrophones：Models and experiments [J]. Ferroelectrics, 2002, 265 (1)：317-332.

[17] Topolov V Y, Glushanin S V, Bowen C R. Piezoelectric response of porous ceramic and composite materials based on $Pb(Zr, Ti)O_3$ experiment and modelling [J]. Advances in Applied Ceramics, 2005, 104 (6)：300-305.

4 3-3型压电陶瓷/水泥复合材料

4.1 制备方法

3-3 型压电陶瓷/水泥复合材料的制备工艺如图 4-1 所示，首先采用直接发泡结合凝胶注模成型工艺制备 3-3 型多孔压电陶瓷，向分散均匀的压电陶瓷浆料中加入稳泡剂，通过机械搅拌发泡，得到气泡稳定存在的泡沫浆料，再利用凝胶注模工艺将泡沫浆料固化成型，制得 3-3 型多孔压电陶瓷。之后，将水泥粉体按一定的水灰比球磨，浇注于前述 3-3 型多孔压电陶瓷中，同时保持压电陶瓷在振动台上高频振动，促进水泥浆料进入压电陶瓷内部。最后，将复合材料放置在标准养护箱内（20℃，100%湿度）养护 28 天，即得到 3-3 型压电陶瓷/水泥复合材料。

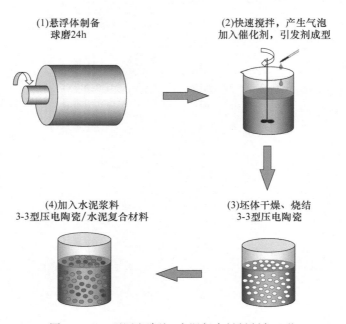

图 4-1 3-3 型压电陶瓷/水泥复合材料制备工艺

该工艺所用原料环境友好，工艺过程简单，无须复杂和精密的模具。3-3型压电陶瓷/水泥复合材料的孔径分布均匀，水泥相可以充分填充多孔压电陶瓷内部的孔隙，与陶瓷相紧密结合。并且，3-3 型压电陶瓷/水泥复合材料的压电相互为联通，有效地克服了 0-3 型压电陶瓷/水泥复合材料不易极化的缺点。

4.2 陶瓷浆料固含量对材料的影响

本节制备了固含量（体积分数）分别为 5%、10%、15%、20% 和 25% 的 PZT 陶瓷浆料，戊酸浓度为 0.05mol/L，pH 值为 5，烧结温度 1150℃，制得 3-3 型多孔压电陶瓷。配制水灰比为 0.35 的硅酸盐水泥浆料，再将水泥浆料与压电陶瓷复合，并放置于标准养护箱内（20℃，100%湿度）养护 28 天，即得到 3-3 型压电陶瓷/水泥复合材料。

4.2.1 孔隙率和显微形貌

图 4-2 所示为陶瓷浆料固含量对多孔压电陶瓷孔隙率的影响。如图所示，改变陶瓷浆料固含量可以任意调整陶瓷浆料的发泡率和陶瓷坯体的孔隙率，从而获得性能优异的多孔 PZT 陶瓷。当陶瓷浆料的固含量（体积分数）从 5% 增至 15% 时，单位体积内的陶瓷颗粒吸附大量的戊酸分子，并且浆料的黏度较小。因此，多孔压电陶瓷的孔隙率从 82.3% 降至 61.7%，开孔孔隙率从 75.3% 降至 50.1%，无论是孔隙率还是开孔孔隙率，都保持了一个较高的数值，非常有利于水泥材料渗透进入多孔压电陶瓷内部。当陶瓷浆料的固含量（体积分数）从 15% 增至 25%，多孔压电陶瓷的孔隙率降至 46.6%，开孔孔隙率也减小到 18.86%，这将对水泥材料的复合将起到明显的阻碍作用。

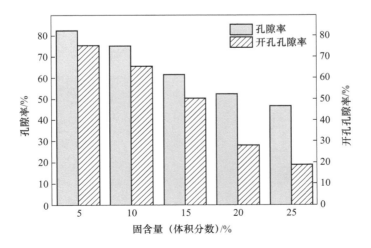

图 4-2 固含量对 3-3 型多孔压电陶瓷孔隙率与开孔气孔率的影响

图 4-3 所示为固含量多孔压电陶瓷的孔径分布的影响。如图所示，随着陶瓷浆料固含量的增加，由于发泡率的下降，多孔压电陶瓷的孔径从 45.4μm 减小至 6.3μm。结合前述开孔孔隙率的变化，可以推断陶瓷浆料固含量越低，多孔压电陶瓷与水泥浆料复合越容易。

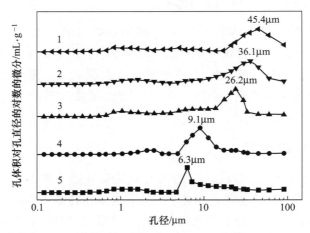

图 4-3   固含量对 3-3 型多孔压电陶瓷孔径分布的影响
1—固含量 5%；2—固含量 10%；3—固含量 15%；4—固含量 20%；5—固含量 25%

图 4-4 所示为 3-3 型压电陶瓷/水泥复合材料的宏观形貌与显微结构照片。如图 4-4（a）所示，水泥浆料硬化后，已覆盖多孔压电陶瓷表面，并与多孔压电陶瓷复合形成 3-3 型压电陶瓷/水泥复合材料。从压电复合材料断口的微观形貌照片（见图 4-4（b）和（c））可以看出，水泥浆料通过多孔压电陶瓷的开孔孔隙，进入多孔压电陶瓷内部，与多孔压电陶瓷形成复合。从断口的高倍微观形貌图看出，硅酸盐水泥的水化产物，如水化硅酸钙（C-S-H）、氢氧化钙（$Ca(OH)_2$）及少量的针状钙矾石（ETT）紧密包覆 PZT 陶瓷颗粒。

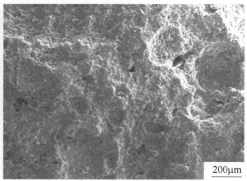

(a)   (b)

(c)

图 4-4 3-3 型压电陶瓷/水泥复合材料的形貌

（a）宏观形貌；（b）微观形貌；（c）高倍微观形貌

图 4-5 所示为浆料固含量对多孔压电陶瓷和压电陶瓷/水泥复合材料密度的影响。随着陶瓷浆料固含量的增加，孔隙率和开孔孔隙率有所减小，尽管所有试样的密度均显著提高，但是水泥浆料难以填充多孔压电陶瓷内部的孔隙，导致压电复合材料密度的增长速度低于多孔压电陶瓷。

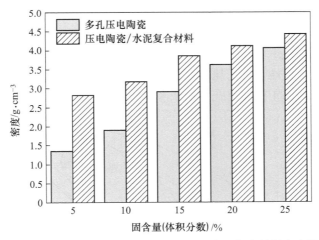

图 4-5 固含量对多孔压电陶瓷和压电陶瓷/水泥复合材料密度的影响

4.2.2 介电性能

图 4-6 所示为 PZT 压电陶瓷相含量对压电复合材料相对介电常数 ε_r 的影响。如图所示，随着 PZT 压电陶瓷相含量的增加，压电复合材料的相对介电常数 ε_r 从

148.44 提高至 957.51，远高于具有相同 PZT 压电陶瓷相含量的 0-3 型压电复合材料[1-3]。显然，3-3 型压电复合材料的 PZT 压电陶瓷相互相联通，在材料极化过程中有助于电流在复合材料内部传导，有效提高了压电复合材料的相对介电常数。

通过对比理论模型计算值与实验结果，可以在更大范围内预测材料相对介电常数与 PZT 压电陶瓷相含量的关系。目前，对压电复合材料相对介电常数 ε_r 的主要预测模型如下：

并联模型[4]
$$\varepsilon_r = v_1 \cdot \varepsilon_1 + v_2 \cdot \varepsilon_2 \tag{4-1}$$

串联模型[4]
$$\frac{1}{\varepsilon_r} = \frac{v_1}{\varepsilon_1} + \frac{v_2}{\varepsilon_2} \tag{4-2}$$

立方体修正模型[3]
$$\varepsilon_r = \frac{a^2 [a + (1-a)n]^2 \cdot \varepsilon_1 \cdot \varepsilon_2}{a \cdot \varepsilon_2 + (1-a)n \cdot \varepsilon_1} + \{1 - a^2[a + (1-a)n]\} \cdot \varepsilon_2 \tag{4-3}$$

Bruggeman 模型[5]
$$\varepsilon_r = \frac{1}{4} \left[2\varepsilon_p - \varepsilon_s + \sqrt{(2\varepsilon_p - \varepsilon_s)^2 + 8\varepsilon_1\varepsilon_2} \right] \tag{4-4}$$

其中
$$\varepsilon_p = v_1\varepsilon_1 + v_2\varepsilon_2, \quad \varepsilon_s = v_1\varepsilon_2 + v_2\varepsilon_1$$

式中，ε_1 和 ε_2 分别为 PZT 压电陶瓷相和水泥相的相对介电常数；v_1 和 v_2 分别为 PZT 压电陶瓷相和水泥相的体积分数；a 为立方体边长；n 为形状因数（球形时 n 取 1；椭圆形时 n 取 0.5）。

如图 4-6 所示，并联模型和串联模型分别是压电陶瓷内所有压电相均联通和压电相互不联通的极端情况，压电复合材料的相对介电常数 ε_r 在模型计算结果范围内变动。立方体修正模型将孔隙形状考虑在内，对于球形孔，$n=1$，对于椭圆

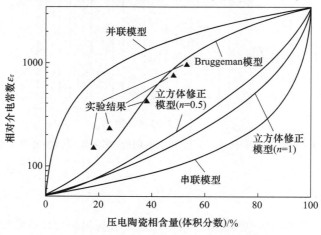

图 4-6　压电陶瓷相含量对相对介电常数的影响

形孔，$n=0.5$，压电复合材料的相对介电常数 ε_r 明显高于模型计算结果，推测是由于压电复合材料内的陶瓷相互相联通所造成的。Bruggeman 模型假设压电陶瓷相均匀分布于各向异性的复合材料内部，并且计算结果通常高于其他模型[6-7]。压电复合材料的相对介电常数 ε_r 基本与 Bruggeman 模型计算结果相符，说明采用凝胶注模工艺制备多孔陶瓷的孔隙在成型过程中基本保持尺寸不变，使 PZT 晶粒周围的压力减小，有助于压电陶瓷相的饱和极化与相对介电常数 ε_r 的提高。

4.2.3　压电性能

图 4-7 所示为压电陶瓷/水泥复合材料的纵向压电应变常数 d_{33} 和压电电压常数 g_{33}。如图所示，随着压电复合材料中陶瓷相含量的增大，纵向压电应变常数 d_{33} 显著提高，且最大值达到了 298pC/N，远高于具有相同陶瓷相含量的 0-3 型压电复合材料[3]。纵向压电电压常数 g_{33} 则呈现出相反的变化趋势，当陶瓷相含量从 18% 增加至 53%，纵向压电电压常数 g_{33} 从 167.38mV · m/N 降至 35.14mV · m/N。根据公式可知，$g_{33} = d_{33}/(\varepsilon_r \varepsilon_0)$，显然，压电复合材料 ε_r 随陶瓷相含量增加而增大的幅度，远大于纵向压电应变常数 d_{33} 的变化，由此造成纵向压电电压常数 g_{33} 下降，意味着材料感知外界电压的灵敏度降低。

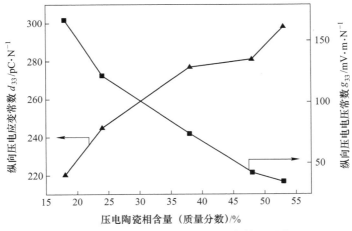

图 4-7　压电陶瓷相含量对压电常数的影响

4.2.4　机电耦合性能和声阻抗

图 4-8 所示为压电复合材料的阻抗谱。如图所示，所有样品的阻抗谱均有谐振峰出现，在 40~100kHz 之间为平面谐振峰，在 200kHz 左右为厚度谐振峰。随着陶瓷浆料固含量的增大，机电能量转换效率提高，造成压电复合材料的阻抗和相位角均有所提高，机电耦合效应增大。

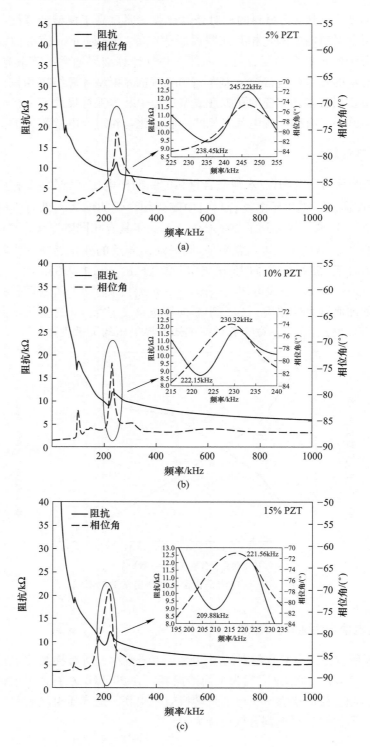

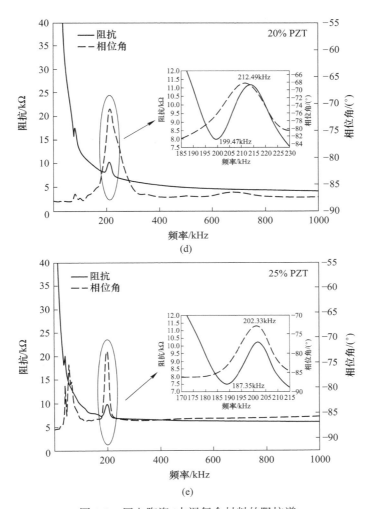

图 4-8　压电陶瓷/水泥复合材料的阻抗谱

（a）体积分数 5%；（b）体积分数 10%；（c）体积分数 15%；（d）体积分数 20%；（e）体积分数 25%

　　从压电复合材料的阻抗谱中可以获取谐振频率 f_s 和反谐振频率 f_p，并通过式（1-26）和式（1-28）计算得出材料的厚度机电耦合系数 K_t 和机械品质因数 Q_m，查询 K_p-$\Delta f/f_s$ 对应的数值表（见 GB/T 2414.1—1998 中的附录 A），获取平面机电耦合系数 K_p，结果见表 4-1。当陶瓷浆料固含量（体积分数）为 25% 时，K_t 达到 41.22%，而压电陶瓷相含量约为 70% 的 0-3 型压电复合材料，其 K_t 值仅为 20.7%[8]。同时，当 K_t 远高于 K_p 时，说明压电复合材料以厚度振动模式为主，有利于在压电超声传感器领域的应用。

　　随着陶瓷浆料固含量的提高，多孔压电陶瓷的开孔孔隙率明显降低，水泥浆料仅填充多孔压电陶瓷表面孔隙，越来越难以进入多孔压电陶瓷内部，导致压电复合材料从典型的 3-3 型压电陶瓷/水泥压电复合材料向三明治型压电复合材料转变，造成压电复合材料的损耗增加，机械品质因数 Q_m 明显降低。压电复合材料的声阻抗值在 $6.69×10^6 \sim 8.27×10^6 kg/(m^2 \cdot s)$ 之间，远低于压电陶瓷的声阻抗值（$30×10^6 kg/(m^2 \cdot s)$)），与水泥材料的声阻抗值接近（$6.9×10^6 \sim 11.23×10^6 kg/(m^2 \cdot s)$)），表明本实验制备压电陶瓷/水泥复合材料与混凝土材料具有良好的声阻抗匹配，在土木工程结构健康监测领域应用时呈现高的灵敏度。

表 4-1   压电复合材料的机电耦合性能与声阻抗

浆料固含量（体积分数）/%	5	10	15	20	25
f_s/kHz	238.46	222.15	209.88	199.47	187.35
f_p/kHz	245.22	232.32	221.56	212.49	202.33
R_{min}/kΩ	9.01	8.62	8.53	7.87	7.36
Δf/kHz	6.76	8.17	11.68	13.02	14.98
K_p/%	20.86	24.46	25.83	33.68	38.10
K_t/%	25.73	29.07	35.14	37.73	41.22
Q_m	36.45	20.49	10.62	6.18	2.23
$Z/×10^6 kg \cdot (m^2 \cdot s)^{-1}$	6.69	7.05	8.09	8.21	8.27

4.3   水泥浆料水灰比对材料的影响

本节配制了固含量（体积分数）为 15% PZT 陶瓷浆料，戊酸浓度为 0.07mol/L，pH 值为 5，烧结温度 1150℃，采用直接发泡结合凝胶注模工艺制得 3-3 型多孔压电陶瓷。分别配制水灰比为 0.3、0.5、0.7、0.9 和 1.1 的硅酸盐水泥浆料，再将水泥浆料与压电陶瓷复合，并放置于标准养护箱内（20℃，100% 湿度）养护 28 天，即得到 3-3 型压电陶瓷/水泥复合材料。

4.3.1   水泥浆料黏度

图 4-9 所示为水泥浆料黏度与水灰比之间的关系。由图可知，所有样品均表现出剪切变稀的行为，随着水泥浆料水灰比从 0.3 增加至 1.1，水泥颗粒间的范德瓦尔斯力减小，斥力增大，阻止水泥颗粒团聚，增加了水泥浆料的流动性，有助于水泥基材料渗透进入多孔压电陶瓷内部。

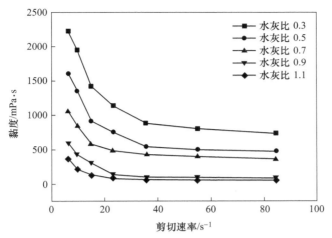

图 4-9 水灰比对水泥浆料黏度的影响

4.3.2 物相分析与微观结构

图 4-10 所示为压电陶瓷/水泥复合材料的 X 射线衍射图。如图所示，由于复合材料中 PZT 压电陶瓷相的含量相对较大，在 21.8°、31.2°、38.5°、44.6° 和 55.4° 左右的主衍射峰对应的是 PZT 钙钛矿相，与水泥浆料的水灰比无关。此外，随着水灰比从 0.3 增加到 0.9，水泥水化产物如硅酸钙水合物（C-S-H）、氢氧化钙（Ca(OH)$_2$）、硅酸二钙（2CaO·SiO$_2$ 或 Ca$_2$SiO$_4$）和钙矾石（ETT）的衍射强度明显增加，说明随着水泥浆体黏度的降低，水泥水化产物与多孔压电陶瓷的结合量增加。但需要注意的是，当水灰比增加到 1.1 时，水泥水化产物的衍射峰强度并没有进一步增强，这表明尽管水泥浆料的黏度有所降低，但复合量并未随之增大。

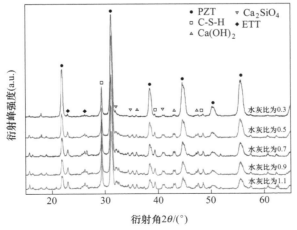

图 4-10 压电陶瓷/水泥复合材料的 X 射线衍射图

图 4-11 所示为压电陶瓷/水泥复合材料的显微形貌。从图 4-11（a）中可以看出，由于陶瓷浆料的固含量较低，多孔压电陶瓷保持了均匀的孔径分布，便于水泥浆料渗透到多孔陶瓷内部。如图 4-11（b）和（c）所示，当水泥浆料进入多孔压电陶瓷内部时，压电陶瓷颗粒与水泥水化产物的界面黏结较为明显，水泥水化产物对压电陶瓷孔隙空间的填充程度随着水灰比的增加而增加。如图 4-11（d）所示，当水灰比增加到 0.9 时，PZT 陶瓷颗粒几乎被水泥水化产物包围，如细纤维晶体状的水化硅酸钙（C-S-H）和长针状钙矾石晶体（ETT），使固体颗粒和陶瓷基体之间的连接更紧密，有助于提高压电复合材料的力学性能。

(a)

(b)

(c)

(d)

图 4-11　多孔压电陶瓷与复合材料的显微形貌

（a）多孔压电陶瓷；（b）压电陶瓷/水泥复合材料（水灰比为 0.5）；
（c）压电陶瓷/水泥复合材料（水灰比为 0.7）；（d）压电陶瓷/水泥复合材料（水灰比为 0.9）

4.3.3　介电和压电性能

图 4-12 所示为水灰比对压电陶瓷/水泥复合材料密度和相对介电常数 ε_r 的影响。如上所述，随着水灰比的增加，水泥浆体的黏度降低，使水泥浆体更容易渗

透到多孔 PZT 陶瓷内部。因此，当水灰比从 0.3 增加到 0.9 时，复合材料的密度从 3.10g/cm³ 增加到 3.38g/cm³。当水灰比达到 1.1 时，复合材料的密度下降到 3.27g/cm³，表明尽管水泥浆料的黏度下降使更多的水泥浆料与多孔压电陶瓷复合，但是水泥浆体固含量过低导致水化产物减少，从而使复合材料密度下降。随着复合材料密度的增加，压电陶瓷/水泥复合材料的相对介电常数 ε_r 在 227.22 ~ 305.24 之间变化。结果表明，由于水泥材料取代了多孔压电陶瓷孔隙中的空气，压电复合材料中具有较少的缺陷和较高的极化效率，从而有利于畴壁的移动和相对介电常数 ε_r 的提高。而且，3-3 型压电陶瓷/水泥复合材料的压电陶瓷相互相联通，有助于电流在复合材料内的传导，故相对介电常数 ε_r 远高于具有相同压电陶瓷相含量的 0-3 型压电陶瓷/水泥复合材料[9]。

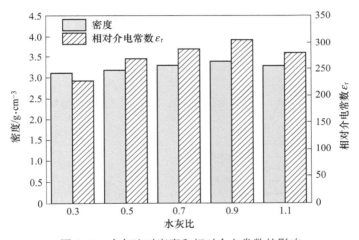

图 4-12　水灰比对密度和相对介电常数的影响

　　图 4-13 所示为水灰比对压电陶瓷/水泥复合材料密度和纵向压电应变常数 d_{33} 的影响。随着水灰比从 0.3 增大至 0.9，纵向压电应变常数 d_{33} 从 245pC/N 提高至 270pC/N，当水灰比达到 1.1 时，纵向压电应变常数 d_{33} 下降到 259pC/N。众所周知，极化电场是决定压电陶瓷相电畴转向的驱动力，进而影响压电复合材料的压电性能。首先，3-3 型压电陶瓷/水泥复合材料中相互联通的压电陶瓷相有助于极化电场的充分作用，促使电畴转向，提高压电性能。然后，多孔压电陶瓷通过与水泥水化产物结合，使复合材料内部的孔隙减少，降低了极化过程中的去极化场，提高了压电复合材料的极化效率[10]。通过电滞回线（P-E）分析，进一步研究水灰比对压电复合材料压电性能的影响。如图 4-14 所示，所有样品均呈现出非饱和极化的椭圆形电滞回线，表明在内部有孔隙的复合材料中，压电陶瓷相的极化受到了抑制。此外，在极化过程中，水泥材料中的弱导电离子，如 Al^{3+}、Ca^{2+} 和 OH^- 伴随压电陶瓷电畴的转向而移动，造成了介电损耗，导致电滞

回线无法闭合[11]。当水灰比为 0.9 时，压电复合材料的矫顽场强和剩余极化强度分别为 1.92kV/cm 和 2.31μC/cm²，均达到了最大值，与纵向压电应变常数 d_{33} 的变化趋势一致。

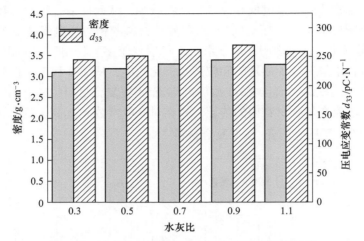

图 4-13　水灰比对密度和纵向压电应变常数的影响

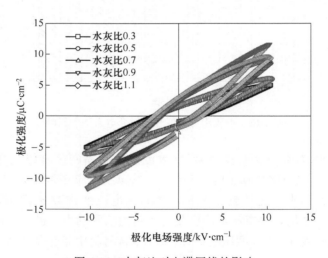

图 4-14　水灰比对电滞回线的影响

4.3.4　机电耦合性能和声阻抗

表 4-2 所列为压电陶瓷/水泥复合材料的机电耦合系数和声阻抗值。随着水灰比从 0.3 增大至 0.9，厚度机电耦合系数 K_t 从 28.47% 提高至 40.14%，当水灰比达到 1.1 时，厚度机电耦合系数 K_t 下降到 36.56%。平面机电耦合系数 K_p 则在

28. 54% ~ 36. 96% 之间变化, 略小于厚度机电耦合系数 K_t, 表明压电复合材料以厚度振动模式为主, 有助于材料在土木工程结构健康监测领域的应用。

表 4-2　压电陶瓷/水泥复合材料的机电耦合性能和声阻抗性能

水灰比	0.3	0.5	0.7	0.9	1.1
K_p/%	26. 32	27. 23	30. 02	34. 57	36. 93
K_t/%	26. 75	30. 02	31. 01	35. 25	34. 46
Z/×10^6kg·$(m^2 \cdot s)^{-1}$	7. 19	7. 13	7. 13	6. 98	7. 09

当水灰比从 0. 3 增加至 0. 9 时, 压电复合材料的反谐振频率 f_p 随之降低, 导致复合材料的声阻抗 Z 减小到 6. 98×10^6kg/($m^2 \cdot s$), 与混凝土结构的声阻抗基本相同, 显著提高了压电复合材料与混凝土结构的声阻抗匹配。

4. 4　聚合物改性 3-3 型压电陶瓷/水泥复合材料

4. 4. 1　制备方法

图 4-15 所示为 3-3 型聚合物改性压电陶瓷/水泥复合材料的制备工艺流程。由图可知, 聚合物改性压电陶瓷/水泥复合材料在压电陶瓷/水泥复合材料的基础上发展而来, 故在此不再赘述压电陶瓷/水泥复合材料的制备工艺。将聚偏氟乙烯 (PVDF) 聚合物溶于 N-甲基吡络烷酮 (NMP) 溶剂后涂刷在压电陶瓷/水泥复合材料表面, 并采用真空抽滤的方式促使 PVDF 胶液填充压电复合材料内部的微米级孔隙。反复涂刷 PVDF 胶液 5 次后, 即得到 3-3 型聚合物改性压电陶瓷/水泥复合材料。

本节配制了固含量 (体积分数) 为 15% PZT 陶瓷浆料, 戊酸浓度为 0. 07mol/L, pH 值为 5, 烧结温度 1120℃, 制得 3-3 型多孔压电陶瓷。配制水灰比为 0. 5 的硅酸盐水泥浆料, 再将水泥浆料与压电陶瓷复合, 得到 3-3 型压电陶瓷/水泥复合材料。配制 PVDF 胶液的浓度分别为 50mg/mL、100mg/mL、150mg/mL 和 200mg/mL, PVDF 胶液与压电陶瓷/水泥复合材料复合即得到 3-3 型聚合物改性压电陶瓷/水泥复合材料。

4. 4. 2　显微形貌与物相分析

图 4-16 所示为多孔压电陶瓷及压电复合材料形貌。如图 4-16 (a) 所示, 多孔压电陶瓷的平均孔径约为 103μm, 且大量存在的开孔孔隙有助于水泥浆料渗入多孔陶瓷内部。图 4-16 (b) 所示为压电陶瓷/水泥复合材料的断口微观形貌, 水泥浆料不仅填充了多孔压电陶瓷内部的孔隙, 而且黏附在压电陶瓷颗粒表面。但是, 在水泥水化产物内部及其与压电陶瓷界面处, 仍然存在孔径大约为 5μm

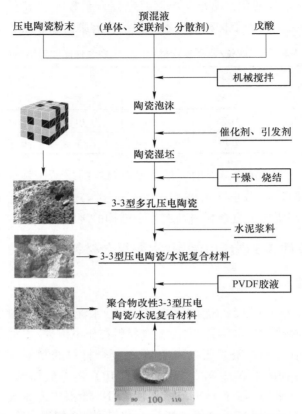

图 4-15 聚合物改性 3-3 型压电陶瓷/水泥复合材料制备工艺

的孔隙，这将造成极化过程中产生漏电流，减弱极化效应[12]。图 4-16 (c) 所示为聚合物改性 3-3 型压电陶瓷/水泥复合材料的宏观形貌，可以看到 PVDF 聚合物均匀黏附在压电复合材料表面，无明显裂纹或孔洞。图 4-16 (d)~(g) 所示为聚合物改性 3-3 型压电陶瓷/水泥复合材料的显微形貌，其中图 4-16 (d) 和 (e) 为 PVDF 胶液浓度 100mg/mL，图 4-16 (f) 和 (g) 为 PVDF 胶液浓度 200mg/mL。由图可知，随着 PVDF 胶液浓度的增大，PVDF 聚合物的填充量显著增加，且 PVDF 聚合物主要填充陶瓷相与水泥水化产物界面之间的微米级空隙，形成了第三连接相，有助于电流在极化过程中的传导，改善材料的极化效果。

图 4-17 所示为聚合物改性压电陶瓷/水泥复合材料的 X 射线衍射图。如图所示，压电复合材料的主衍射峰对应的是 PZT 钙钛矿相，强度较弱的衍射峰对应氢氧化钙 ($Ca(OH)_2$)、水化硅酸钙 (C-S-H) 等硅酸盐水泥水化产物，由于压电复合材料置于潮湿空气中养护，水化产物 $Ca(OH)_2$ 与空气中的 CO_2 反应生成 $CaCO_3$。此外，在衍射角为 18.37° 和 19.93° 的衍射峰表明 α-PVDF 和 γ-PVDF 相

图 4-16　压电材料形貌图

（a）多孔压电陶瓷；（b）压电陶瓷/水泥复合材料；（c）聚合物改性压电陶瓷/水泥复合材料宏观形貌图；

（d）（e）聚合物改性压电陶瓷/水泥复合材料显微形貌图，100mg/mL；

（f）（g）聚合物改性压电陶瓷/水泥复合材料显微形貌图，200mg/mL

的存在。对衍射角在 17°~21°之间的衍射图进行放大处理，可以看到衍射峰强度随着 PVDF 胶液黏度的增加而明显提高，说明 PVDF 聚合物的填充量随之增大。

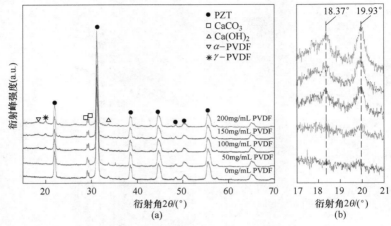

图 4-17 压电复合材料的 X 射线衍射图

4.4.3 介电性能

图 4-18 所示为聚合物改性压电陶瓷/水泥复合材料的相对介电常数-频率谱图。随着测试频率的增大，外电场转向速度增加，压电复合材料内部不易形成极化电场，因此相对介电常数 ε_r 随之减小。此外，随着 PVDF 胶液浓度的增大，压电复合材料在测试频率为 1kHz 时的相对介电常数 ε_r 从 360 增加至 406。显然，PVDF 聚合物通过填充复合材料内部的微米级孔隙，有效阻止了漏电流的出现，从而有助于提高复合材料的相对介电常数 ε_r[2]。

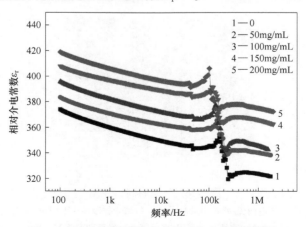

图 4-18 PVDF 胶液浓度对相对介电常数的影响

图 4-19 所示为聚合物改性压电陶瓷/水泥复合材料的介电损耗-频率谱图。所有试样的介电损耗 tanδ 均有最高峰值出现,证明压电复合材料具有压电特性。同时,由于 PVDF 聚合物有较强的绝缘性,随着 PVDF 胶液浓度的增大,压电复合材料在测试频率为 1kHz 时的介电损耗 tanδ 从 0.04 降低至 0.02。

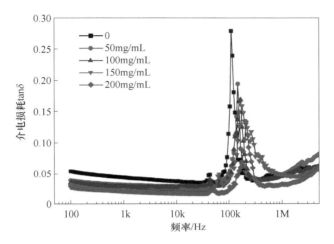

图 4-19 PVDF 胶液浓度对介电损耗的影响

4.4.4 压电性能

图 4-20 所示为聚合物改性压电陶瓷/水泥复合材料的纵向压电应变系数 d_{33} 与纵向压电电压系数 g_{33}。如图所示,当 PVDF 胶液浓度从 0 增加至 200mg/mL,压电复合材料的纵向压电应变常数 d_{33} 从 270pC/N 增至 289pC/N。在极化过程中,

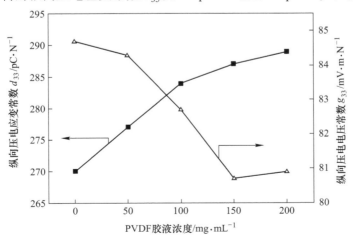

图 4-20 PVDF 胶液浓度对纵向压电应变常数和纵向压电电压常数的影响

当外电场作用于压电陶瓷/水泥复合材料时，水泥相中的弱导电离子（如 Ca^{2+}、OH^- 和 Al^{3+}）容易形成去极化屏蔽电场以削弱外电场的作用，结合复合材料内微孔引起的漏电流，造成饱和极化程度不足，压电复合材料的纵向压电应变常数 d_{33} 降低[13]。随着具有绝缘性的 PVDF 聚合物填充压电复合材料内部微孔，孔隙间的导电通路和复合材料内的弱导电离子均明显减少，作用在压电陶瓷相上的电流密度增大，造成压电复合材料的纵向压电应变常数 d_{33} 增加。当 PVDF 胶液浓度从 0 增加至 150mg/mL，由于压电复合材料相对介电常数 ε_r 的增加速度高于纵向压电应变常数 d_{33}，因此材料的纵向压电电压常数 g_{33} 从 84.7mV·m/N 降至 80.7mV·m/N；当 PVDF 胶液浓度高于 150mg/mL 时，压电复合材料的纵向压电应变常数 d_{33} 增加速度高于相对介电常数 ε_r，纵向压电电压常数 g_{33} 值也随之增大。

图 4-21 所示为聚合物改性压电陶瓷/水泥复合材料的电滞回线。如图所示，所有试样均呈现典型的压电材料极化电场回线。当 PVDF 胶液浓度从 0 增加至 200mg/mL，矫顽场强由 2.82kV/cm 增加至 7.55kV/cm，剩余极化强度由 1.39μC/cm² 增加至 5.31μC/cm²。显然，PVDF 聚合物使压电复合材料内的漏电流显著降低，有效提升了压电复合材料的剩余极化强度及纵向压电应变常数 d_{33}。

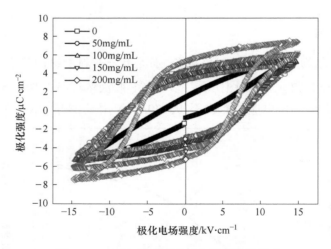

图 4-21　PVDF 胶液浓度对电滞回线的影响

4.4.5　机电耦合性能与声阻抗

图 4-22 所示为聚合物改性压电陶瓷/水泥复合材料的阻抗谱。如图所示，PVDF 聚合物的绝缘性造成压电复合材料的阻抗随 PVDF 胶液浓度增大而增加。

压电复合材料在 50~80kHz 之间为平面振动模式，在 200kHz 附近为厚度振动模式，并且谐振频率 f_s 与反谐振频率 f_p 均随着 PVDF 胶液浓度的增大而增加。

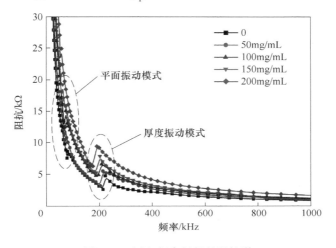

图 4-22　压电复合材料的阻抗谱

表 4-3 所列为聚合物改性压电陶瓷/水泥复合材料的机电耦合系数和声阻抗值。随着 PVDF 胶液浓度的增大，压电复合材料的厚度振动模式愈发明显，厚度机电耦合系数 K_t 从 30.83% 提高至 42.02%，有助于材料在传感器领域的应用。压电复合材料的声阻抗 Z 在 $6.89×10^6 ~ 7.65×10^6 kg/(m^2·s)$ 之间变化，与混凝土材料具有良好的匹配相容性。

表 4-3　聚合物改性压电陶瓷/水泥复合材料的机电性能和声阻抗性能

PVDF 胶液浓度 /mg·mL^{-1}	0	50	100	150	200
f_s/kHz	214.33	204.12	197.28	188.21	176.05
f_p/kHz	223.28	213.87	208.56	202.44	190.77
Δf/kHz	8.95	9.75	11.28	14.23	14.72
K_t/%	30.83	32.79	35.57	40.24	42.02
$Z/×10^6 kg·(m^2·s)^{-1}$	7.65	7.49	7.43	7.28	6.89

参 考 文 献

[1] Potong R，Rianyoi R，Ngamjarurojana A，et al. Influence of carbon nanotubes on the performance of bismuth sodium titanate-bismuth potassium titanate-barium titanate ceramic/cement composites [J]. Ceramics International，2017，43：S75-S78.

[2] Rianyoi R, Potong R, Ngamjarurojana A, et al. Poling effects and piezoelectric properties of PVDF-modified 0-3 connectivity cement-based/lead-free 0. 94 ($Bi_{0.5}Na_{0.5}$) TiO_3-0. 06$BaTiO_3$ piezoelectric ceramic composites [J]. Journal of Material Science, 2018, 53: 345-355.

[3] Xing F, Dong B Q, Li Z J. Dielectric, piezoelectric, and elastic properties of cement-based piezoelectric ceramic composites [J]. Journal of the American Ceramics Society, 2008, 91: 2886-2891.

[4] Potong R, Rianyoi R, Ngamjarurojana A, et al. Dielectric and piezoelectric properties of 1-3 non-lead barium zirconate titanate-Portland cement composites [J]. Ceramics International, 2013, 39: S53-S57.

[5] Yang A K, Wang C A, Guo R, et al. Microstructure and electrical properties of porous PZT ceramics fabricated by different methods [J]. Journal of the American Ceramics Society, 2010, 93: 1984-1990.

[6] Rianyoi R, Potong R, Jaitanong N, et al. Dielectric, ferroelectric and piezoelectric properties of 0-3 barium titanate-Portland cement composites [J]. Applied Physics A-Materials, 2011, 104: 661-666.

[7] Banerjee S, Cook-Chennault K A. Influence of aluminium inclusions on dielectric properties of three-phase PZT-cement-aluminium composites [J]. Advanced Ceramics Research, 2014, 26: 63-76.

[8] Li Z J, Zhang D, Wu K Y. Cement-based 0-3 piezoelectric composites [J]. Journal of the American Ceramics Society, 2002, 85: 305-313.

[9] Tawfik A, Eatah A I, Abd El-Salam F. Dielectric and electromechanical properties of calcium-doped lead zirconate titanate [J]. Materials Science and Engineering, 1983, 60 (2): 145-149.

[10] Huang S F, Chang J, Lu L C, et al. Preparation and polarization of 0-3 cement based piezoelectric composites [J]. Materials Research Bulletin, 2006, 41 (2): 291-297.

[11] Jaitanong N, Vittayakorn W C, Yimnirun R, et al. Ferroelectric hysteresis behavior of 0-3 PMNT-cement composites [J]. Ferroelectrics, 2010, 405: 105-110.

[12] Wittinanon T, Rianyoi R, Ngamjarurojana A, et al. Effect of polyvinylidene fluoride on the acoustic impedance matching, poling enhancement and piezoelectric properties of 0-3 smart lead-free piezoelectric Portland cement composites [J]. Journal of Electroceramics, 2020, 44 (3/4): 232-241.

[13] Huang S F, Ye Z M, Hu Y L, et al. Effect of forming pressures on electric properties of piezoelectric ceramic/sulphoaluminate cement composites [J]. Composites Science and Technology, 2007, 67 (1): 135-139.

5   3-1-0 型压电陶瓷/水泥复合材料

5.1   制备方法

图 5-1 所示为 3-1-0 型压电陶瓷/水泥复合材料的制备工艺流程。如图所示，3-1-0 型压电陶瓷/水泥复合材料在海藻酸钠离子凝胶法制备 3-1 型多孔压电陶瓷的基础上发展而来的，故不再赘述 3-1 型多孔压电陶瓷的制备工艺。将水泥材料与 PZT 压电陶瓷粉体按一定比例球磨混合后倒入 3-1 型多孔压电陶瓷，并采用真空抽滤的方式促进复合浆料填充多孔压电陶瓷孔隙，再放置于标准养护箱内（20℃，100%温度）养护 28 天，即得到 3-1-0 型压电陶瓷/水泥复合材料。

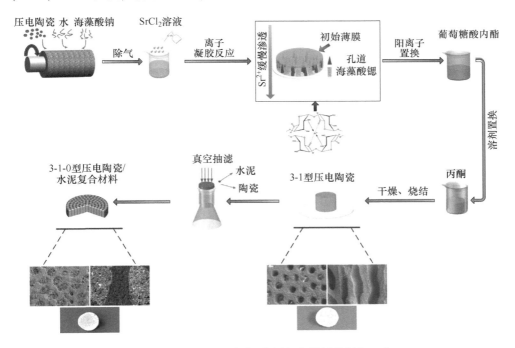

图 5-1   3-1-0 型压电陶瓷/水泥复合材料的制备工艺

本节配制了固含量（质量分数）10%，海藻酸钠浓度（质量分数）2%的陶瓷浆料，高价阳离子溶液选择浓度为 1mol/L 的 SrCl$_2$ 溶液。坯体经 1mol/L 葡萄糖酸内酯溶液浸泡 72h 去除 Sr^{2+}，在丙酮溶液中浸泡 48h 置换水分后冷冻干燥，最后在 1150℃ 下烧结，制得 3-1 型多孔压电陶瓷。配制水灰比为 0.9 的硅酸盐水泥、陶瓷复合浆料，其中 PZT 压电陶瓷粉体占比（质量分数）分别为 10%、20%、30%、40% 和 50%，复合浆料填充多孔压电陶瓷孔隙即得到 3-1-0 型压电陶瓷/水泥复合材料。

5.2 显微结构

图 5-2 所示为 3-1-0 型压电陶瓷/水泥复合材料的显微形貌。如图 5-2（a）和（b）所示，多孔压电陶瓷的孔径分布均匀，其平均孔径约为 608μm，水泥/PZT 压电陶瓷复合浆料充分填充了多孔压电陶瓷的孔隙，并沿纵向孔道进入多孔压电陶瓷内部，与多孔压电陶瓷的孔壁形成牢固的界面黏结。当水泥/PZT 压电陶瓷复合浆料中的 PZT 压电陶瓷质量（质量分数）占比从 10% 增至 20%，其相应的体积占比仅为 9.25%。因此，从图 5-2（c）和（d）中只看到水泥的水化产物——水化硅酸钙（C-S-H），PZT 压电陶瓷则没有出现。随着 PZT 陶瓷含量的增大，复合浆料中有足量的水分与硅酸盐水泥发生水化反应，大量的水泥水化产物，如针状的钙矾石（ETT），氢氧化钙（$Ca(OH)_2$）开始出现，PZT 压电陶瓷则被水泥水化产物所包覆。

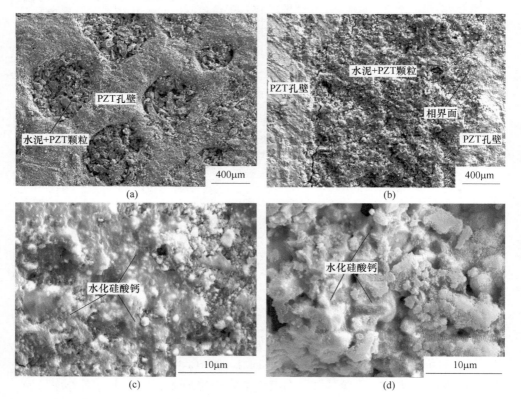

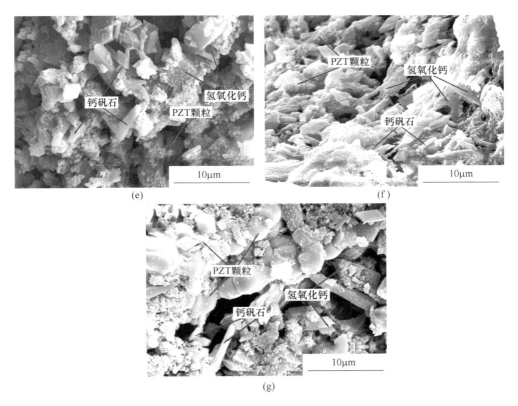

图 5-2　3-1-0 型压电陶瓷/水泥复合材料的显微形貌

（a）压电复合材料横截面；（b）压电复合材料纵截面；

（c）~（g）PZT 压电陶瓷在混合浆料中占比（质量分数）分别为 10%、20%、
30%、40% 和 50% 时的压电复合材料

5.3　电学性能计算模型与实验结果

　　对于双组分压电复合材料，研究人员提出了不同的相对介电常数 ε_r 计算模型。最简单的模型是并联模型和串联模型，其中并联模型的典型代表是 3-0 型复合材料，串联模型的典型代表为 3-3 型复合材料，这两种模型都对应了复合材料的两种极端结构，并不完全适合实验制备的压电复合材料[1]。因此，Okazaki[2]在计算模型中引入了半经验退极化因子（N_i），Yamada 等人[3]则建立了基于 PZT 颗粒的形状（n）和 PZT 陶瓷体积分数（q）的模型，但是这些模型主要适用于 3-3 型多孔压电陶瓷，这就限制了模型在其他类型复合材料中的应用。Bowen 和 Topolov 等人[4]建立了"单胞"模型，该模型假设双组分复合材料由许多单胞组成，单胞的不同部分对相对介电常数 ε_r 和纵向压电应变常数 d_{33} 的贡献

有所不同。尽管"单胞"模型最初用于预测 0-3 或 3-3 型复合材料的介电和压电性能，但该模型也表现出对不同类型复合材料的强适应性，并且我们在前期研究中利用"单胞"模型对 3-1 型压电复合材料性能进行了预测[5]。因此，在本节中，我们尝试通过"单胞"模型进一步预测结构参数对 3-1-0 型压电复合材料相对介电常数 ε_r 和纵向压电应变常数 d_{33} 的影响。

图 5-3 所示为 3-1-0 型压电复合材料的"单胞"计算模型。如图 5-3（a）所示，基本结构单元为一个立方体单胞，整个复合材料则是立方体单胞沿三维方向的无限叠加。将立方体单胞按照图 5-3（b）的格式划分单元格，以更加符合 3-1-0 型压电复合材料的结构特征，其中单元体 1、3、4 代表致密 PZT 压电陶瓷相，均

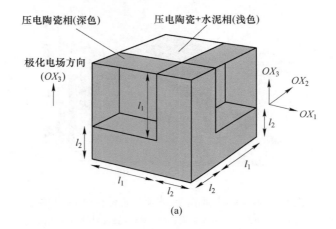

(a)

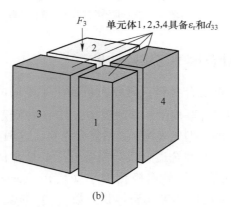

(b)

图 5-3　3-1-0 型压电陶瓷/水泥复合材料的单元结构划分

（a）压电复合材料结构，单元体 3 的长度（l_1）和宽度（l_2）决定立方体单胞尺寸；

（b）外力 F_3 作用于单元体 1-4

平行于极化方向（OX_3），单元体 2 则是 PZT 压电陶瓷/水泥复合相，被其他单元体所包围。压电复合材料的相对介电常数 ε_r 计算公式如下：

$$\varepsilon_r = \varepsilon_1 \cdot (v_1 + v_3 + v_4) + \varepsilon_2 \cdot v_2 \tag{5-1}$$

式中，v_1，v_2，v_3 和 v_4 分别代表单元格 1、2、3、4 在立方体单胞中的体积分数；ε_1 和 ε_2 分别代表致密 PZT 压电陶瓷和单元体 2 的相对介电常数。

利用 Yamada 模型计算单元体 2 的相对介电常数 ε_2，该模型将单元体 2 设定为 0-3 型复合材料，且在模型中引入 PZT 颗粒形状参数（$n=0.88$）和单元体 2 中 PZT 压电陶瓷相的体积分数 q[3]：

$$\varepsilon_2 = \varepsilon_3 \cdot \left[1 + \frac{n \cdot q(\varepsilon_1 - \varepsilon_3)}{n \cdot \varepsilon_3 + (\varepsilon_1 - \varepsilon_3) \cdot (1 - q)} \right] \tag{5-2}$$

所以，3-1-0 型压电复合材料的相对介电常数 ε_r 计算公式改写为：

$$
\begin{aligned}
\varepsilon_r &= \varepsilon_1 \cdot (v_1 + v_3 + v_4) + \varepsilon_3 \cdot \left[1 + \frac{n \cdot q(\varepsilon_1 - \varepsilon_3)}{n \cdot \varepsilon_3 + (\varepsilon_1 - \varepsilon_3) \cdot (1 - q)} \right] \cdot v_2 \\
&= \varepsilon_1 \cdot \frac{l_2^2 + 2l_1 \cdot l_2}{(l_1 + l_2)^2} + \varepsilon_3 \cdot \left[1 + \frac{n \cdot q(\varepsilon_1 - \varepsilon_3)}{n \cdot \varepsilon_3 + (\varepsilon_1 - \varepsilon_3) \cdot (1 - q)} \right] \cdot \frac{l_1^2}{(l_1 + l_2)^2}
\end{aligned}
\tag{5-3}
$$

式中，ε_3 代表水泥材料的相对介电常数；l_1 与 l_2 分别为单元体 3 的长度和宽度，假定立方体单胞的边长为 100%，可以推导得出 $l_2(\%) = 100\% - l_1(\%)$，所以压电复合材料的相对介电常数 ε_r 最终受到单元体 3 的长度 l_1 和单元体 2 中 PZT 压电陶瓷相的体积分数 q 两个变量的影响。

图 5-4 所示为利用 MATLAB 软件拟合相对介电常数 ε_r 在 l_1 和 q 共同影响下的变化曲线，显然，通过式（5-3）计算相对介电常数 ε_r 可以得出有效结果，表明式（5-3）推导过程无误。为了更准确地表征相对介电常数 ε_r 随 l_1 和 q 的变化，分

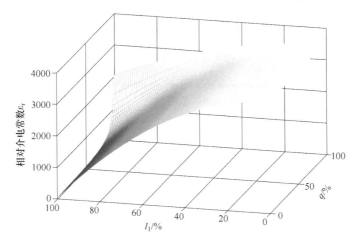

图 5-4 l_1 和 q 对相对介电常数的综合影响

别以 l_1 和 q 为自变量计算相对介电常数 ε_r。图 5-5（a）所示为 l_1 对相对介电常数 ε_r 的影响，随着 l_1 的增大，相对介电常数 ε_r 显著减小，且变化趋势基本与 q 无关。显然，单元体 1、3、4 作为致密的 PZT 压电陶瓷相，对相对介电常数 ε_r 的贡献远大于单元体 2，即压电陶瓷/水泥复合材料。图 5-5（b）所示为 q 对相对介电常数 ε_r 的影响，相对介电常数 ε_r 的变化与 q 几乎没有关系，进一步证实单元体 1、3、4 对相对介电常数 ε_r 的主要贡献。当 q 值从 4% 增至 28%，压电复合材料的相对介电常数 ε_r 从 2045 增大至 2188，有助于提高材料的稳定性和可靠性[6]。此外，从压电复合材料的显微形貌图可知，l_1 大约为 60%，实验数据与计算结果基本吻合，证明了式（5-3）在预测相对介电常数 ε_r 方面的准确性。

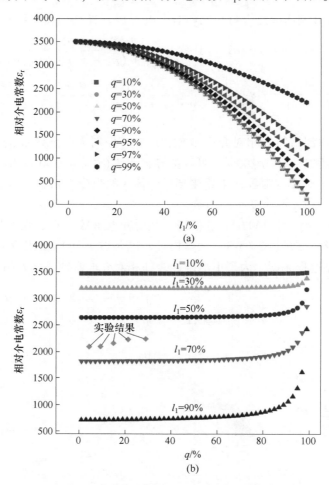

图 5-5　立方体单胞参数对相对介电常数的影响

（a）单元体 3 长度 l_1；（b）单元体 2 中 PZT 压电陶瓷相体积分数 q

根据"单胞"模型，当外力 F_3 施加于复合材料时，单元体 1、2、3、4 均受到外力作用，产生压电效应。因此，压电复合材料的纵向压电应变常数 d_{33} 可由下式计算：

$$d_{33}^* = d_{33(1)} \times v_{(1+3+4)} + d_{33(2)} \times v_{(2)}$$

$$= d_{33(1)} \times \left(\frac{\alpha_{v1}}{s_{33(1)}} + \frac{\alpha_{v3}}{s_{33(3)}} + \frac{\alpha_{v4}}{s_{33(4)}} \right) \times \left(\frac{\alpha_{v1}}{s_{33(1)}} + \frac{\alpha_{v2}}{s_{33(2)}} + \frac{\alpha_{v3}}{s_{33(3)}} + \frac{\alpha_{v4}}{s_{33(4)}} \right)^{-1} +$$

$$d_{33(2)} \times \frac{\alpha_{v2}}{s_{33(2)}} \times \left(\frac{\alpha_{v1}}{s_{33(1)}} + \frac{\alpha_{v2}}{s_{33(2)}} + \frac{\alpha_{v3}}{s_{33(3)}} + \frac{\alpha_{v4}}{s_{33(4)}} \right)^{-1} \tag{5-4}$$

式中，$d_{33(1)}$ 和 $d_{33(2)}$ 分别代表致密 PZT 压电陶瓷和单元体 2 的纵向压电应变常数；$v_{(1+3+4)}$ 和 $v_{(2)}$ 分别代表单元体（1+3+4）的有效体积和单元体 2 的有效体积；α_{v1}、α_{v2}、α_{v3} 和 α_{v4} 分别代表单元体 1、2、3、4 垂直于极化方向的投影面积，且 $\alpha_{v1} = l_2 \times l_2$，$\alpha_{v1} = l_1 \times l_1$，$\alpha_{v3} = \alpha_{v4} = l_1 \times l_2$；$s_{33(1)}$、$s_{33(2)}$、$s_{33(3)}$ 和 $s_{33(4)}$ 分别代表单元体 1、2、3、4 的弹性柔顺系数，且 $s_{33(1)} = s_{33(3)} = s_{33(4)} = s_{33(\text{PZT陶瓷})}$，$s_{33(2)} = q \cdot s_{33(\text{PZT陶瓷})} + (1-q) \cdot s_{33(\text{水泥})}$[7]，其中 $s_{33(\text{PZT陶瓷})}$ 与 $s_{33(\text{水泥})}$ 分别代表致密 PZT 压电陶瓷与水泥的弹性柔顺系数；q 代表单元体 2 中 PZT 压电陶瓷相的体积分数。

同时，$d_{33(2)}$ 可以由立方体修正模型计算得出[8]：

$$d_{33(2)} = d_{33(1)} \times \frac{q}{q^{\frac{1}{3}} + (1 - q^{\frac{1}{3}}) \cdot \frac{\varepsilon_1}{\varepsilon_2}} \times \frac{1}{1 - q^{\frac{1}{3}} + q} \tag{5-5}$$

式中，ε_1 和 ε_2 分别代表致密 PZT 压电陶瓷和水泥的相对介电常数；q 代表单元体 2 中 PZT 压电陶瓷相的体积分数。

所以，式（5-4）可以改写为：

$$d_{33}^* = d_{33(1)} \times \frac{\dfrac{l_2^2 + 2 \cdot l_1 \cdot l_2}{s_{33(\text{PZT陶瓷})}}}{\dfrac{l_2^2 + 2 \cdot l_1 \cdot l_2}{s_{33(\text{PZT陶瓷})}} + \dfrac{l_1^2}{q \cdot s_{33(\text{PZT陶瓷})} + (1-q) \cdot s_{33(\text{水泥})}}} +$$

$$d_{33(1)} \times \frac{q}{q^{\frac{1}{3}} + (1 - q^{\frac{1}{3}}) \cdot \dfrac{\varepsilon_1}{\varepsilon_2}} \times \frac{1}{1 - q^{\frac{1}{3}} + q} \times \frac{\dfrac{l_1^2}{q \cdot s_{33(\text{PZT陶瓷})} + (1-q) \cdot s_{33(\text{水泥})}}}{\dfrac{l_2^2 + 2 \cdot l_1 \cdot l_2}{s_{33(\text{PZT陶瓷})}} + \dfrac{l_1^2}{q \cdot s_{33(\text{PZT陶瓷})} + (1-q) \cdot s_{33(\text{水泥})}}} \tag{5-6}$$

压电复合材料的纵向压电应变常数 d_{33}^* 受到单元体 3 长度 l_1 和单元体 2 中 PZT 压电陶瓷相体积分数 q 两个变量的影响。

图 5-6 所示为利用 MATLAB 软件拟合纵向压电应变常数 d_{33}^* 在 l_1 和 q 共同影响下的变化曲线，显然，通过式（5-6）计算纵向压电应变常数 d_{33}^* 可以得出有效结果，表明式（5-6）推导过程无误。为了更准确地表征纵向压电应变常数 d_{33}^* 随 l_1 和 q 的变化，分别以 l_1 和 q 为自变量计算纵向压电应变常数 d_{33}^*。图 5-7（a）为 l_1 对纵向压电应变常数 d_{33}^* 的影响，当 l_1 小于 65% 时，纵向压电应变常数 d_{33}^* 随着 l_1 的增大而缓慢减小，且变化趋势与基本 q 无关。根据"单胞"模型，3-1 型压电复合材料所受外力均匀分布于压电陶瓷相，故材料的纵向压电应变常数 d_{33}^* 值应该保持不变，与复合材料内水泥含量无关[3]。所以，当 l_1 小于 65% 时，3-1-0 型压电复合材料内的压电陶瓷/水泥复合相（单元体 2）含量较低，材料结构更接近于 3-1 型压电复合材料，纵向压电应变常数 d_{33}^* 基本保持不变。当 l_1 大于 65% 时，压电陶瓷/水泥复合相（单元体 2）在立方体单胞内的体积分数增大，在外力 F_3 作用于复合材料时承受了更多的力，但是由于单元体 2 中的水泥材料无压电效应，导致复合材料的纵向压电应变常数 d_{33}^* 随着 l_1 的增大显著下降。图 5-7（b）所示为纵向压电应变常数 d_{33}^* 与 q 的关系，当 l_1 小于 30% 时，单元体 2 中压电相的含量 q 对压电复合材料影响较小，纵向压电应变常数 d_{33}^* 基本保持不变；当 l_1 大于 30% 时，随着 q 的增加，纵向压电应变常数 d_{33}^* 先减小后增大。已知 $s_{33(2)} = q \cdot s_{33(\text{PZT陶瓷})} + (1-q) \cdot s_{33(\text{水泥})}$ 且 $s_{33(\text{PZT陶瓷})} = 4.8$，$s_{33(\text{水泥})} = 72$，所以 $s_{33(2)}$ 随着 q 的增加而减小，从式（5-4）可以得出，尽管单元体 2 的纵向压电应变常数 d_{33} 值随 q 的增大而增加，但是单元体（1+3+4）的纵向压电应变常数 d_{33} 明显减小，导致压电复合材料的纵向压电应变常数 d_{33}^* 也随之减小。当 q 接近

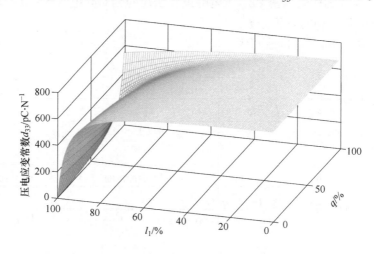

图 5-6 l_1 和 q 对纵向压电应变常数的综合影响

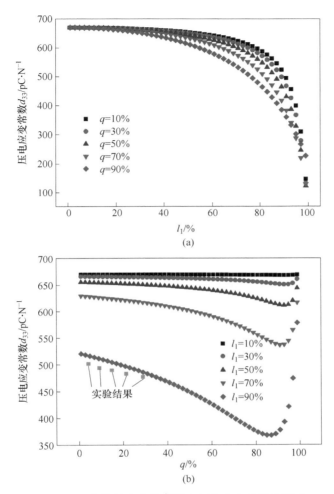

图 5-7 立方体单胞参数对纵向压电应变常数的影响

（a）单元体 3 长度 l_1；（b）单元体 2 中 PZT 压电陶瓷相体积分数 q

85% 时，单元体 2 中 PZT 压电陶瓷相的质量含量大约为 70%，压电相保持三维联通状态，有助于提高材料的极化效率，造成单元体 2 和 3-1-0 型压电复合材料的纵向压电应变常数 d_{33} 显著增大。需要注意的是，实验所得压电复合材料纵向压电应变常数 d_{33}^* 在 477～502pC/N 之间，略低于 $l_1 = 90\%$ 的模拟曲线，显然，3-1型压电陶瓷内部微孔对畴壁起钉扎作用，阻碍了畴壁的转动，并降低了极化效率，造成实验结果略低于模拟值。

5.4 机电耦合性能

图 5-8 所示为压电复合材料的阻抗谱。如图所示，所有样品的阻抗谱均有谐

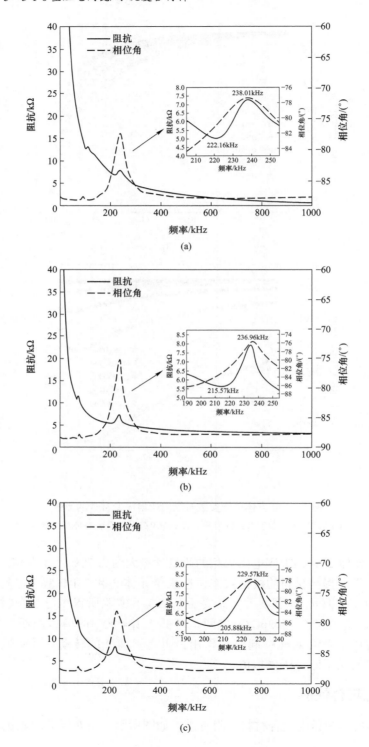

(a)

(b)

(c)

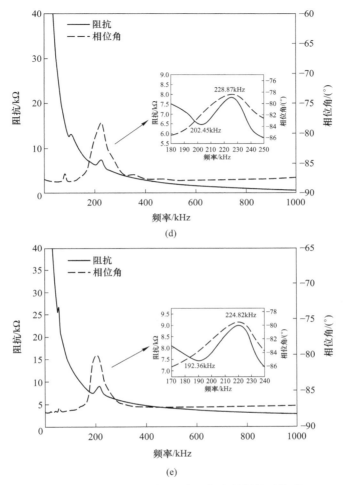

图 5-8　3-1-0 型压电陶瓷/水泥复合材料的阻抗谱

(a) 10%；(b) 20%；(c) 30%；(d) 40%；(e) 50%

振峰出现，在 80kHz 附近为平面谐振峰，在 190～230kHz 之间为厚度谐振峰。随着水泥浆料中压电陶瓷相含量的增大，水泥水化产物含量减小，压电复合材料的机电耦合效应和阻抗增大，谐振频率降低。

表 5-1 所列为聚合物改性压电陶瓷/水泥复合材料的机电耦合系数和声阻抗值。随着压电陶瓷相含量的增大，压电复合材料的厚度振动模式愈发明显，厚度机电耦合系数 K_t 从 39.24% 提高至 55.69%，平面机电耦合系数 K_p 仅从 28.54% 提高至 32.96%，较高的 K_t 值有助于材料在土木工程健康监测领域的应用。压电复合材料的声阻抗值在 $9.71×10^6～10.00×10^6 kg/(m^2·s)$ 之间变化，与混凝土材料具有良好的声阻抗匹配。

表 5-1 3-1-0 型压电陶瓷/水泥复合材料的机电性能和声阻抗性能

压电陶瓷含量（质量分数)/%	10	20	30	40	50
K_t/%	39.24	45.17	48.00	50.48	55.69
K_p/%	28.54	29.83	30.59	31.91	32.96
$Z/\times10^6$ kg·$(m^2 \cdot s)^{-1}$	9.71	9.78	9.80	9.86	10.00

参 考 文 献

[1] Liu W, Zhang L H, Cao Y, et al. Fabrication and properties of 3-3 type PZT-ordinary Portland cement composites [J]. Construction and Building Materials, 2021, 305: 124815.

[2] Okazaki K. Developments in fabrication of piezoelectric ceramics [J]. Ferroelectrics, 1982, 41 (1): 77-96.

[3] Yamada T, Ueda T, Kitayama T. Piezoelectricity of a high-content lead zirconate titanate/polymer composite [J]. Journal of Applied Physics, 1982, 53 (6): 4328-4332.

[4] Bowen C R, Topolov V Y. Piezoelectric sensitivity of $PbTiO_3$-based ceramic/polymer composites with 0-3 and 3-3 connectivity [J]. Acta Materialia, 2003, 51 (17): 4965-4976.

[5] Liu W, Li N, Wang Y Z, et al. Preparation and properties of 3-1 type PZT ceramics by a self-organization method [J]. Journal of the European Ceramic Society, 2015, 35 (13): 3467-3474.

[6] Sanches A O, Teixeira G F, Zaghete M A, et al. Influence of polymer insertion on the dielectric, piezoelectric and acoustic properties of 1-0-3 polyurethane/cement-based piezo composite [J]. Materials Research Bulletin, 2019, 119: 110541.

[7] Bowen C R, Perry A, Kara H, et al. Analytical modelling of 3-3 piezoelectric composites [J]. Journal of the European Ceramic Society, 2001, 21 (10/11): 1463-1467.

[8] Potong R, Rianyoi R, Ngamjarurojana A, et al. Acoustic and piezoelectric properties of 0-3 barium zirconate titanate-Portland cement composites-effects of BZT content and particle size [J]. Ferroelectrics, 2013, 455 (1): 69-76.